动态可调等离子体隐身技术

魏小龙　韩欣珉　李益文　林　敏　徐浩军　著

科学出版社

北　京

内 容 简 介

本书立足于飞行器局部强散射部件的等离子体隐身技术，研究了电磁波在低温等离子体中的传播特性、小结构透波腔等离子体空间参数诊断方法、低气压透波腔感性耦合等离子体放电特性，同时分析了腔体结构、气体参数、电源参数对感性耦合等离子体参数分布和电磁散射参量的影响，设计研制了透波型高密度等离子体源和进气道等离子体隐身应用方案，针对薄层等离子体设计了等离子体叠加人工波矢超表面结构，并对其电磁散射特性开展了研究。

本书可供从事飞行器隐身设计、等离子体隐身研究的相关人员阅读，也可供等离子体放电相关专业技术人员、高等院校航空工程相关专业的教师和研究生阅读参考。

图书在版编目（CIP）数据

动态可调等离子体隐身技术/魏小龙等著. —北京：科学出版社，2021.11

ISBN 978-7-03-070324-8

Ⅰ. ①动… Ⅱ. ①魏… Ⅲ. ①飞行器-隐身技术 Ⅳ. ①V218 ②V418

中国版本图书馆 CIP 数据核字（2021）第 217561 号

责任编辑：张海娜 纪四稳 / 责任校对：任苗苗
责任印制：吴兆东 / 封面设计：蓝正设计

科学出版社 出版
北京东黄城根北街 16 号
邮政编码：100717
http://www.sciencep.com

天津市新科印刷有限公司 印刷
科学出版社发行 各地新华书店经销

*

2021 年 11 月第 一 版 开本：720 × 1000 B5
2022 年 5 月第二次印刷 印张：11 1/4
字数：227 000

定价：85.00 元

（如有印装质量问题，我社负责调换）

前　言

近年来反隐身雷达技术发展迅速，米波雷达、组网雷达技术不断升级，冲击雷达等新概念反隐身技术不断被提出，未来战斗机面对的探测威胁将向多频段、多角域方向扩展，并且战机在执行作战任务的过程中，远距离受预警频段探测威胁，近距离受火控频段探测威胁，其散射特性(幅度、频带、方向)需要根据作战任务进行主动调控。但是，当前外形和材料隐身技术主要针对光学波段，并且外形隐身只能减少重点方向的雷达散射特征，材料隐身的吸波固有属性和厚度要求导致其难以突破宽带隐身，远不能实现宽角度、宽频段的主动可调隐身。因此，发展新型的电磁散射特征主动调控技术是下一代隐身装备所面临的一项亟待解决的问题。

等离子体隐身技术具有吸波频段可调控的特点，能够更好地应对超宽带雷达、米波雷达等宽频探测威胁，还能与外形隐身等技术结合进一步降低强散射源的散射特征，是一种应用前景较为宽广的新型隐身技术。平面型感性耦合等离子体(ICP)源具有工作气压宽(毫托(mTorr)至托(Torr)，1Torr=133.322Pa)、电子密度高($10^{17}\sim10^{18}$m^{-3})、放电面积大($20\sim60$cm^2)、装置结构简单等特点，在等离子体隐身方向具有突出的潜在优势。因此，本书研究透波腔 ICP 源的放电特性、外部放电条件对 ICP 参数分布和散射参量的影响，并针对平面型 ICP 源在进气道隐身中的应用进行探索性研究。

本书是作者研究团队长期从事等离子体隐身研究的总结和凝练。作者先后承担了国家自然科学基金、装备预研领域基金等项目，对等离子体和电磁波的相互作用规律、等离子体在隐身方向的应用进行了较为深入的研究。

本书各章内容安排如下：

第 1 章绪论。分析本书的研究背景，介绍低温等离子体隐身技术的基本概念和内涵，总结等离子体隐身技术实验与工程、射频感性耦合等离子体放电和等离子体电磁散射特性理论计算等方面的国内外研究现状，列出本书的研究思路和主要研究内容。

第 2 章电磁波在低温等离子体中的传播特性研究。在深入分析非磁化等离子体的等效介电常数和理论色散模型的基础上，利用 Z 变换时域有限差分

(ZT-FDTD)法建立电磁波在等离子体中传播的数值模型。对均匀分布型、轴对称型和单调变化型三种电子密度分布下的等离子体反射率、透射率和衰减率进行计算。

第 3 章感性耦合等离子体空间参数诊断方法研究。针对透波腔等离子体的特殊腔体结构，将等离子体流体模型和微波干涉诊断法进行结合，提出基于流体模型的微波单/双端反射干涉诊断法，给出诊断方法的流程图，并分析 Langmuir 单探针和发射光谱诊断法在 ICP 特性参数诊断中的应用。

第 4 章低气压透波腔感性耦合等离子体放电研究。设计两种结构的透波腔平面型 ICP 放电系统，采用 Langmuir 探针和微波干涉诊断法诊断典型条件下 Ar-ICP 轴向和径向电子密度分布随功率的变化，并观察 E-H 模式下 ICP 放电形态的变化；建立对应的 Ar-ICP 流体力学模型，针对低气压下电子能量分布函数偏离 Maxwellian 分布的问题，采用 Boltzmann 方程求解器自洽地求解扩散/输运系数和电子能量分布函数(EEDF)，修正原 COMSOL 平台等离子体流体建模模块中 EEDF 不准确的问题，研究 ICP 放电过程中电子密度和电子温度的时空演化规律，并给出 ICP 相对介电常数的空间分布。

第 5 章气体参数对感性耦合等离子体散射参量的影响研究。采取多种诊断手段对比研究气体参数对 ICP 的电子密度和电子温度空间分布的影响规律，并给出理论分析，观察不同放电条件下 ICP 放电形态的变化，利用 COMSOL 平台联合 ZT-FDTD 法开展电磁波在 ICP 中传播的数值模拟，分析 ICP 中反射波的复杂性，给出反射率、衰减率的定义，通过数值计算和实验获得透波腔 ICP 覆盖下金属板的电磁波衰减率，对比研究气压、电正性/电负性、功率等条件对反射率的影响规律。

第 6 章腔体厚度对感性耦合等离子体电磁散射参量的影响研究。开展实验和数值计算对比研究腔体厚度对 ICP 参数空间分布的影响，研究空气薄层 ICP 的放电特性，并对电磁波反射率进行数值计算和实验测量。

第 7 章进气道等离子体隐身应用研究。设计 S 弯进气道的薄层 ICP 隐身方案并制作相关样件，采用数值模拟手段得到进气道入口处 60°内等离子体的衰减率，并开展实验在 30°和 15°入射角条件下对进气道等离子体的反射率进行测量。

第 8 章等离子体叠加人工波矢超表面结构电磁散射特性研究。利用电磁学有限元法在软件 CST(微波工作室)中建立等离子体叠加人工波矢超表面的电磁波传播耦合模型，分析不同参数下的反射率变化规律，并在微波暗室中开展实验进行测量，与仿真结果进行对比。

目　录

第1章 绪 论

1.1 研究背景

随着现代反隐身技术的发展，飞机、导弹等飞行器的隐身设计指标不断提高，为了尽量降低空中目标的可观测性，避免雷达等设备被探测和识别，新型隐身技术不断涌现。等离子体是由大量接近自由运动的带电粒子和中性粒子组成的、具有集体行为的准中性气体，是继物质存在的固态、液态和气态之后出现的第四种物质形态。任何普通气体在外界的高能作用下都有可能变为等离子体，这些高能作用包括高电压激励、高温处理、强激光照射以及高能粒子轰击等。在这个过程中，电子吸收的能量超过原子的电离能而成为自由电子，同时失去电子的原子成为带正电的离子，因自由电子数与离子数密度近似相等，故等离子体整体上呈现电中性。等离子体的粒子行为特征受到电磁场力的支配与作用，对电磁波的传播具有很大的影响。

1.1.1 隐身技术

飞机隐身技术是飞行器低可探测技术的俗称，其是指利用各类目标特征缩减技术减少己方飞行器被敌方探测系统截获的探测性信息特征，从而降低己方飞行器被敌方发现、跟踪、锁定的概率，使飞行器在战斗中的突防、生存等能力获得显著提高。尽管当前飞行器面对的探测威胁从雷达电磁域已经扩展至红外、射频、可见光和声等更多特征域，但在可以预见的未来雷达依然是防空武器最主要的探测手段，是飞行器探测威胁最主要的来源[1,2]。雷达隐身是通过各类电磁散射特征缩减技术衰减雷达波能量，或者将回波偏折至远离雷达的方向，其目标是减小飞机的雷达截面积(radar cross section，RCS)，缩短雷达对目标的探测距离[3]。

在1989年的巴拿马战争中，美国首次将隐身战斗机F-117A投入使用。在1991年海湾战争中，隐身战斗机F-117A凭借其良好的隐身性能，在战场中展示了极好的突防能力，再次令世界各国对隐身技术刮目相看。海湾战争后，美国加强了对隐身技术的研究，也引发了世界各军事强国研究隐身技术的热潮。当前，雷达隐身技术已经历了几十年的研究和发展，研究人员根据影响雷达波的传播和目标电磁散射的不同机理提出了多种实现隐身的手段，其中多项外形隐身和材料隐身技术已经经过了实战的检验[4]，其理论发展趋于成熟。与此同时，还有各类新概念隐身技术不断涌现，如等离子体隐身、超材料隐身等也引起了相关研究机构的关注[5,6]。在未来探测威胁复杂的战场环境中，隐身性能已成为先进飞行器的一个重要技术指标，高隐身性能的飞机将占据压倒性的优势。

在高隐身飞行器的研制中，外形隐身是设计者首先要考虑的雷达目标特征信号缩减手段。研究表明，外形复杂物体的目标 RCS 会随着雷达波入射角度的改变产生较大改变，不同相位的若干干涉可导致散射中心偏离几何中心。外形隐身利用气动外形设计技术改变战斗机的外形几何轮廓并遮挡强散射源，将目标在雷达探测方向的强反射特性转化为弱反射特性，可减少特定角域内的回波[7]。从隐身机理上考虑，由于外形隐身并不能削弱反射波的总能量，某个角域范围内 RCS 的缩减必然导致另外角域内 RCS 的增加，因此外形隐身只对重要威胁方向上有效，面对多站雷达和雷达组网技术的发展，外形隐身存在技术失效的风险。此外，外形隐身技术会对飞行器气动特性和弹药装载量产生一定的影响。

材料隐身是当前飞行器隐身广泛采用的技术，该技术利用雷达吸波材料(radar absorbing materials，RAM) 吸收入射雷达波的能量，显著降低雷达回波强度[8]。RAM 的吸波原理是采用与空气阻抗相匹配的特殊材料作为边界表面，使入射雷达波在边界产生较少反射，内部采用介电常数虚部或者磁导率较高的材料，使进入内部的电磁波被最大限度地衰减。单一吸波材料单元的有效频段有限，因此为了满足飞行器雷达的宽频隐身需求，RAM 通常由多个雷达吸收材料单元组成进而形成复合吸波材料[9]。

有源隐身技术又称主动隐身，是利用有源手段降低被发现概率技术的统称，当前是对外形隐身和材料隐身的有效补充，主要的有源隐身措施包括电子欺骗干扰、低截获概率雷达、有源对消等手段。其中，有源对消是指利用己方发射的电磁波抵消反射雷达波的能量，需要己方飞行器获取探照雷达波的入射角、强度、频段、极化和波形等信息，尽管上述原理比较简单，但在工程实现上却非常困难，还处于实验研究阶段[10]。

1.1.2 反隐身技术

飞行器隐身技术的快速发展对防空/防御系统提出了巨大的挑战。根据雷达工作原理，目标飞行器的 RCS 每下降 10～20dB，雷达对该目标的探测距离减少至原距离的一半甚至更多，探测距离的急剧下降会导致雷达不能及时发现和连续跟踪目标，无法及时为防空系统和火力系统提供敌方目标的方位和速度信息[11]。为了应对隐身战斗机的巨大威胁，各国都非常重视反隐身探测技术的研究。由于当前外形和材料隐身技术都存在一定的缺陷，远不能实现全角度、全频段的雷达隐身，研究人员利用这些缺陷提出了多项反隐身手段。

针对外形隐身，主要反隐身途径总结为两类。第一，改变雷达波的入射角度或者接收不同方向雷达回波实现反隐身。隐身飞行器的隐身重点一般在鼻锥方向，其 RCS 满足头部较小、尾部和两侧相对较大的分布规律。研究和实践证实，当双站雷达与目标的散射角大于 130°时，目标的 RCS 会有显著的增大趋势[12]。因此，通过接收不同方位雷达回波来探测目标在不同方位的散射特征，可克服外形隐身对目标 RCS 的定向缩减，实现雷达反隐身。第二，当雷达波的波长接近飞行器的特征长度时，目标的散射处于谐振区，在目标反射波与爬行波之间会产生较强的谐振现象，对于米波段、超高频和甚高频等波段，飞行器的特征长度与雷达波长接近，外形隐身技术无法克服谐振作用而引起 RCS 的振荡[13]，例如，隐身战斗机 F117A 在微波波段 RCS 仅为 0.01m²，而在谐振区却高达 10～20m²。

针对材料隐身，主要采用扩展雷达频段的手段实现反隐身。针对 L 波段至 X 波段的雷达波，理想的谐振吸波材料是把吸收层与蒙皮作为特性阻抗与空气特性阻抗相同的一段末端短路的 1/4 波长有耗传输线，吸波材料的厚度取决于介质的正切损耗，而宽带吸收效能取决于对频率的依赖关系[14,15]。当前宽带吸收材料一般由不均匀损耗介质层组成，其厚度要大于最小衰减频率波长的 1/4。对于预警雷达等较低频段，在实际应用中总厚度受限(1～3cm)的吸波材料不能满足对低频雷达波的衰减需求，增加吸波层厚度会导致飞行器的重量增加，降低飞行器的机动性和有效载荷。

下面以几种典型的反隐身雷达为例介绍反隐身雷达的基本特性。米波雷达的工作频段(甚高频/特高频)较低，在反隐身领域特别具有优势[16]：①目前雷达吸波材料有效频段尚无法覆盖到米波及其以下频段；②高隐身飞行器的外形总体呈尖锥体，米波雷达对尖锥体的探测距离与工作波长的平方根成正比($R \propto \lambda^{1/2}$)，其回波中谐振区特征较强；③反辐射导弹的接收天线不匹配米波雷达信号，无法精确获取米波雷达位置，生存力较好。但是米波雷达也存在一些明显的缺点：雷达信号处理能力差；波束宽，测量精度和分辨力太低；信号带宽普遍较窄、抗干扰能力较差等。

超视距雷达是利用电离层的反射或地表绕射等特殊方式传输雷达信号，其工作频段主要是短波波段[17]，如天波雷达，其作用距离不受地球曲率限制，可以探测到超远距离目标，实现对远程轰炸机的低空突防、对洲际导弹的发射预警等。例如，美国研制的 ROTHR 可移动式后向散射超视距雷达，其工作频率为 4～30MHz，作用距离为 800～3000km，与常规雷达相比，其空中目标的预警时间缩短至原来的 1/5～1/10[18]。

超宽带雷达采用极窄脉冲信号，可以覆盖接近直流到数太赫兹(THz)的超宽频带[19]，具有较高的反隐身潜力，如冲击脉冲雷达或无载波雷达等。从频域角度看，当冲击脉冲信号照射目标飞机时，其反射波频谱包含了瑞利区、谐振区和光学区。在瑞利区，目标的 RCS 仅取决于目标体积；在谐振区，其探测能力接近于米波雷达。从时域角度来看，冲击脉冲雷达发射的脉冲宽度极窄，是一种瞬态的电磁作用，从瞬变电磁场和时域理论角度来分析，经典的雷达方程中目标的 RCS 和其他参数的定义都不再适用。

1.2 国内外研究现状

1.2.1 等离子体产生技术研究现状

等离子体按其热力学平衡状态可分为高温等离子体、热等离子体和低温等离子体。由于拥有较高的电子能量和较低的离子及气体温度这一非平衡特性，低温等离子体在传统工业和高新技术领域中均有广泛的用途。当前，针对飞行器隐身应用的主要是低温等离子体，其关键技术是产生等离子体并维持一定的密度、范围和时间。下面对几种产生等离子体的典型方式、优缺点及其在飞行器隐身上应用的相关研究进行介绍。

1. 放射性同位素法

放射性同位素法是较早用于隐身研究的等离子体产生方式，利用放射性同位素在衰变过程中放出的具有高能量的射线，轰击空气分子使其电离，形成等离子体。20 世纪 70 年代，研究发现在武器装备上涂覆一层放射性同位素，其产生的等离子体可有效降低武器的 RCS[20]。但是，为了达到特定频段电磁波的衰减效果，需使用较大的辐射剂量，这可能对武器装备和人员都造成伤害，且该方法的成本昂贵，维护困难。

2. 微波放电法

微波等离子体是将微波功率通过波导和谐振腔馈入等离子体发生器中，产生强的交变电场使气体电离，从而产生并维持等离子体，一般采用的频率为 2.45GHz。在 20 世纪 90 年代之前，微波等离子体源的研究集中在低气压环境中，短短十年后，大气压微波等离子体得到迅猛发展。英国 Al-Shamma'a 小组设计的微波等离子体喷射装置利用 10kW 的微波功率源在大气压下产生稳定的氦、氮、氩和空气等离子体，易于实现且成本较低[21,22]。西北工业大学杨涓等对微波等离子体的产生及电子密度分布规律与影响因素进行了研究，并对微波等离子体的隐身应用进行了探讨[23,24]。为突破密度限度，引入磁场，发展了电子回旋共振等离子体，可以形成高密度等离子体[25,26]。微波等离子体具有放电稳定、电磁兼容性好以及无电极烧蚀的优点，但放电系统较复杂、效率低，且激励源频率处于雷达敏感波段，所以该放电方式不适于作为隐身等离子体应用。

3. 电子束法

20 世纪 80 年代，Vidmar 等以氦气作为工质气体，采用电子束方式产生等离子体，经验证对 0.1～10GHz 的电磁波有一定的吸收作用[27]。Manheimer 等研究了利用电子束产生大范围等离子体的方法，分析了将等离子体作为雷达反射体对其参数的需求[28,29]。国内研究小组对电子束等离子体产生过程进行了实验与仿真研究，分析了电子束电流波形、等离子体参数分布以及两者的关系[30-32]。采用电子束方式获得等离子体效率高、面积大且对气体加热小，但电子束发生器设备繁重，耗能大，不利于作为机载等离子体源。

4. 直流辉光放电法

在气体中放置两个金属电极并施加直流电压，增大电压直至击穿气体，形成等离子体，如图 1.1 所示。美国海军研究实验室(United States Naval Research Laboratory, NRL)Murphy 等在低气压条件下以氧气为工质采用四种不同直流辉光放电模式产生等离子体，并对 X 波段电磁波的作用特性进行了研究[33]。白希尧等设计了可贴附强散射部位的薄片式等离子体器件，采用强电场电离放电方法，在放电间隙产生高密度等离子体，再通过外力作用将其输出发生器，外输等离子体密度可达 $10^{12}cm^{-3}$[34,35]。直流辉光放电方式效率高、结构简单，适合作为微型等离子体发生器。但对于产生大面积等离子体，高气压、大间距导致气体难以击穿，能耗大，电极烧蚀强，不便于在飞行器上应用。

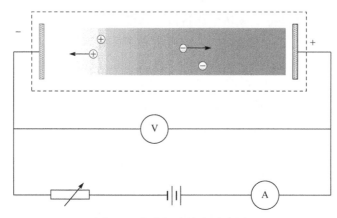

图 1.1　直流辉光放电示意图

5. 介质阻挡放电法

介质阻挡放电(dielectric barrier discharge, DBD)是通过放电间隙的电流由大量快脉冲电流细丝组成，呈微通道放电结构。其放电结构简单，可根据环境设置多种结构形式，能在很大的气压和频率范围内工作，在材料处理、臭氧产生以及飞行器流动控制中都有广泛应用。李应红等设计了 DBD 气动激励器并成功将其应用在翼型、机翼上，有效抑制了气流的流动分离，起到一定的增升减阻作用[36-38]。Wolf 等在金属平板上设计了 DBD 激励器阵列，开展了该方式产生的等离子体对 RCS 缩减影响规律的实验研究[39]。DBD 稳定可靠，且便于布置在特定部位。但其是间隙式脉冲放电，存在等离子体寿命短、密度较低且薄等问题，对隐身的作用机理还有待研究。

6. 射频放电法

射频放电按电极和功率耦合方式可分为射频容性耦合等离子体(capacitive coupled plasma, CCP)放电方式和射频感性耦合等离子体(inductive coupled plasma, ICP)放电方式，而由于产生和维持等离子体能量得失的不同，ICP 放电过程中存在放电模式的转换[40-42]。CCP 放电是将射频电压施加在两电极之间产生放电，有单频、双频甚至多频等形式。CCP 放电的特点是能够产生较大面积均匀的等离子体，被广泛用于半导体生产工艺中[43,44]。有学者将该方式应用于天线罩隐身的研究。由于其受能量耦合效率限制，电子密度通常在 $10^9 \sim 10^{11} \mathrm{cm}^{-3}$ 范围，缩小了其适用范围。

ICP 放电是将射频功率输入非谐振感应线圈，通过感性耦合将能量输送给等离子体，典型的放电结构如图 1.2 所示。ICP 放电方式能够在较宽的压强范围内产生面积大、密度高的等离子体，而且采用无电极放电，具有装置结构简单、易于控制等离子体参数的特点，在材料改性、刻蚀沉积和镀膜等工业实际生产中有广泛应用。感性放电的历史几乎与电力能源的发明一样久远，但直到 20 世纪 70 年代，开放式结构的感性耦合放电炬的发明以及盘香形线圈结构放电的出现，高气压、高密度的感性耦合放电才获得了很大的进展。Ogle 等将低气压 ICP 源应用到半导体生产中[45,46]。Hopwood 等利用 Langmuir 探针对平面型 ICP 中的电子密度、电子温度、射频电磁场分布等参数进行了诊断，表明该方式产生的等离子体密度能达到 $10^{11}\sim10^{12}\text{cm}^{-3}$，并通过一定条件调节了等离子体的参数分布[47-49]。Chung 等对 Ar-ICP 放电中的放电模式转换和回滞随气压的演化、电子能量分布函数随功率的变化进行了研究[50]。Godyak 等采用数值计算和实验对 ICP 放电的现象、机理进行了较为深入的研究，从理论上对 ICP 涉及的物理前沿进行了探讨[51-53]。ICP 表现出的诸多优点，对于等离子体隐身应用颇具吸引力。但是，除了放电系统小型化、简便化的问题，目前还没有关于 ICP 对电磁波的作用特性进行研究的相关报道，本书在后面章节将重点对此进行研究分析。

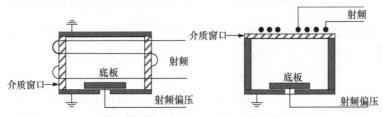

图 1.2 典型的 ICP 放电结构示意图

除了上述产生方式，还有光致电离等离子体[54,55]、燃烧喷流等离子体[56-59]以及等离子体管[60-62]等方式，由于发生系统复杂度和使用环境的影响，将它们应用于机载闭式等离子体隐身还有诸多问题亟待解决。

1.2.2 等离子体隐身技术实验研究现状

从 20 世纪 60 年代开始，一些军事强国就开展了等离子体科学和技术在军事领域的理论与应用研究。美国空军研究实验室和休斯研究实验室联合进行了等离子体隐身模型实验，等离子体源利用高压脉冲电弧放电形成的紫外辐射，电离陶瓷容器中氩、氦混合工质，结果如图 1.3 所示，表明充满等离子体的陶瓷罩包裹的微波反射器在4～14GHz频率范围内其RCS缩减的平均值约为20dB[63]。美国 Stavatti 公司在出口型 F-26 TALMA 战斗机上使用了等离子体隐身技术，其方案是蒙皮采用高强度透波材料，利用等离子体产生装置在机身蒙皮和机翼蒙皮内填充冷等离子体，以此吸收和散射入射雷达波。莫斯科克尔德什研究中心致力于等离子体隐身技术的研究，先后开发了三代等离子体发生器，并将它们实际应用于米格-1.44 战斗机，使其具备一定的隐身性能[64]。据报道，俄罗斯最新战斗机 T-50 具备较好的隐身能力，这有可能包括等离子体隐身技术。

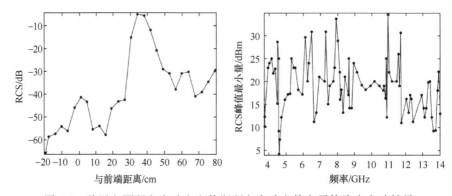

图 1.3　美国空军研究实验室和休斯研究实验室等离子体隐身实验结果

　　伴随着等离子体隐身出现的另一个重要方向是等离子体天线。早在 1990年，美国海军研究实验室就对等离子体天线开展了系统的研究工作，实施的"捷变镜"项目采用磁约束线性空心阴极放电方式产生 60cm 长、50cm 宽的等离子体微波反射面[65]，其几乎能完全反射以 10GHz 的抛物线天线为入射源的微波能量，副瓣最大峰值低于主瓣峰值 20dB，具有很好的平坦性，可实现波束的水平扫描[66]，该样机和测试结果如图 1.4 所示。美国田纳西大学也开展了等离子体天线的理论与原理性验证研究[67,68]，先后成功研制出 U 形放电管结构的等离子体天线和栅形等离子体反射面样机，如图 1.5 所示。ASI公司研制了由直条形放电管组成的栅形反射面天线，具有较好的性能[69]，如图 1.6 所示。

　　另外，与等离子体隐身相关的还有高速飞行器以超高声速飞行时面临的"黑障"问题，国外从 20 世纪 60 年代开始就投入大量资源对"黑障"带来的通信中断问题开展了理论与实验研究，明确了等离子体鞘层的形成及其与电磁波作用的机理及影响规律，掌握了多种减轻或延缓"黑障"的举措[70-73]。

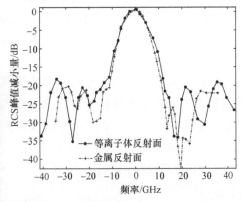

图 1.4 "捷变镜"样机和测试结果

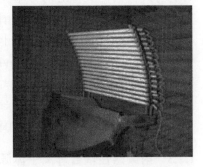

图 1.5 田纳西大学的等离子体天线样机   图 1.6 ASI 公司研制的栅形反射
面天线样机

2002 年,我国将等离子体隐身技术研究列为国家重大基础研究和国家自然科学基金的研究内容,一些单位在实验室条件下开展了等离子体隐身相关的实验与仿真研究。南京理工大学何湘等针对等离子体在进气道的隐身应用进行了数值计算和实验验证研究,设计了进气道内衬筒状荧光灯等离子体的隐身模型,测量了其对电磁波的衰减,表明等离子体对 L 波段的雷达波有明显的吸收作用,具有较强的可行性[74,75]。中国科学技术大学曹金祥小组从理论和实验方面对天线罩的等离子体隐身进行了深入研究,采用射频容性耦合放电方式在天线罩内产生等离子体,并就等离子体天线罩对特定波段微波的反射以及等离子体参数影响进行了实验分析[76]。张志豪等采用数值计算方法研究了不同实验参数条件下的电子束空气等离子体形态参数和电磁参数模型,并对电子束等离子体遮挡前后目标的电磁散射特性的仿真计算和实验结果进行了对比研究[77]。西北工业大学朱良明和朱冰以导弹雷达舱为应用背景，设计了微波等离子体发生器方案，开展了等离子体喷流与电磁波相互作用的实验研究，并对等离子体参数诊断及其对隐身效果的影响进行了分析[78,79]。

此外，钱志华运用数值模拟方法从理论上研究了等离子体天线的辐射与散射特性[80]。程芝峰研制了一套大面积高密度等离子体片的放电装置，结合仿真与实验手段对等离子体片的微波传播特性、反射面天线的性能进行了研究讨论[81]。谢楷等在实验室环境下再现了"黑障"现象，对等离子体鞘层中电磁波的传播特性进行了仿真与实验研究，为解决通信"黑障"问题提供了参考[82-84]。

隐身技术在几次局部战争作战中表现出巨大的威力，使得各国争先想拥有隐身武器，但又担心对方掌握隐身技术。美国就将隐身技术列入美国国防关键和核心技术，并要求其盟国严格限制扩散，正因如此，关于隐身技术如等离子体隐身技术的相关资料十分有限，这也使得等离子体隐身技术本身受到一定程度的质疑。例如，David 就从经济实用性的角度对美国的等离子体隐身技术研究提出了质疑[85]；大连海事大学白希尧等通过分析等离子体隐身的方式、设备、能耗等因素，对俄罗斯等离子体隐身技术的应用现状给出了自己的看法，并以此提出了我国等离子体隐身发展的思路[86]。

1.2.3　射频感性耦合等离子体源研究现状

最早的 ICP 源的研究工作可以追溯到 20 世纪初。但出于种种原因，对感性放电的研究进展较为缓慢，直到 90 年代初，ICP 源由于在芯片刻蚀等领域的应用优势，再次引起学者的关注。当前，已经通过理论和实验对 ICP 的放电机理、诊断技术、参数分布等问题进行了探究，但主要集中在辅助化学合成、薄膜沉积、表面改性、晶体生长等领域。

初期，著名的 Keller 小组、Hopwood 小组开展了开拓性的研究工作，通过 Langmuir 探针对平面线圈 ICP 中的电子密度 n_e、电子能量分布函数(EEDF)、射频电磁场分布等参数进行了诊断，结果显示 ICP 是一种高密度等离子体源，其 n_e 可高达 $10^{11} \sim 10^{13} \mathrm{cm}^{-3}$，并且可以通过外部条件对 n_e 的均匀性进行优化[87]。Godyak 等通过测量 ICP 中电流密度和 EEDF 证实了 ICP 在低气压中存在无碰撞功率吸收现象和电子非局域效应[88]。Amorim 等在 11.4MHz 的 Ar-ICP 中观察到了感性放电的两种放电模式，即 E 模式和 H 模式，以及 E-H 模式跳变现象，结果显示 E-H 模式跳变的功率阈值和 ICP 源的结构、气体参数，以及电源工作频率等因素有关[89]。Seo 等通过实验测量了 ICP 在不同模式下的电子能量分布概率函数(electron energy probability distribution function, EEPF),结果显示在 E 模式下,EEPF 随着功率的增加由单温 Maxwellian 分布向双温 Maxwellian 分布转变,而在 H 模式下 EEPF 一直处于双温 Maxwellian 分布,但 H 模式下,低能电子区和高能电子区的 n_e 相应增加[90]。

Ventzek 等开展了平面线圈对 ICP 放电影响的研究,结果发现平面形天线的磁感应强度峰值位于其半径约一半处,同时天线形状、结构、匝数以及放置位置等因素会直接影响放电特性和参数分布[91]。辛煜等研究了线圈几何配置(1~4 匝同心线圈)对射频功率耦合效率的影响,结果显示具有较低电感量的感应线圈不易实现感应放电[92]。Godyak 设计了一种新型的扁平式高效率 ICP 平面线圈,如图 1.7 所示,通过特殊的尺寸设计降低了线圈互感导致的功率损耗,这种扁平式的平面线圈无须采用通水冷却,可有效降低等离子体隐身工程应用的设计难度[93]。

图 1.7 扁平式高效率放电线圈

Hsu 等对 Ar/Cl$_2$-ICP 放电特性和参数分布进行了实验与模拟研究,负离子的存在导致 ICP 分析变得异常烦琐,并且存在不稳定自振荡以及双层结构等现象[94]。高飞对 H 模式下 Ar-CF$_4$ 混合放电进行了实验研究,结果显示 CF$_4$ 含量的增加导致 n_e 先快速下降后缓慢下降,电子温度 T_e 迅速增加后平缓增加[95]。毛明对平面线圈 ICP 在低气压(<10Pa)中的 Ar/O$_2$ 混合放电进行了研究,结果显示 Ar 放电 n_e 可以达到 $10^{11}\mathrm{cm}^{-3}$ 量级,O$_2$ 放电 n_e 可以达到 $10^{10}\mathrm{cm}^{-3}$ 量级,微量的 O$_2$ 会显著改变参数分布,随着氧气占比的增大,EEDF 由三温分布向 Maxwellian 分布过渡,另外还证实 n_e 随着放电腔室高度或半径减小而增加[96]。

1.2.4　等离子体的电磁散射特性数值计算研究现状

　　等离子体是一种典型的色散介质，研究其与电磁波相互作用的数值计算方法主要包括 WKB(Wentzel-Kramers-Brillouin)法、时域有限差分(finite-difference time-domain, FDTD)法和矩量法(scattering matrix method，SMM)，其中 WKB 法和 SMM 是近似方法。WKB 法常用在量子力学中近似求解一维薛定谔方程，在电磁学中其基本原理是利用几何光学近似实现对缓变介质波动方程的求解。SMM 是利用矩阵光学求解分层介质中电磁波传播的方法，这两类方法在计算不均匀等离子体散射特性时都采用分层处理，即对于任意一维 n_e 分布的等离子体，在波的入射路径上将其分成许多薄层，每一薄层都认为是均匀分布的。

　　Bruskin 等将 WKB 法应用于解决 n_e 空间分布的波诊断问题[97]。Laroussi 等利用 WKB 法和分层近似对非均匀等离子体中电磁波的传输特性开展研究，得到了等离子体的反射系数和衰减系数[98]。于哲峰等利用 WKB 法研究了微波在薄层等离子体中的传输效应，并将结果与 FDTD 法进行了对比[99]。奚衍斌利用分层近似模型获得了不同 n_e 分布条件下波的传输系数，并总结了高衰减率等离子体应该具有的 n_e 分布特征[100]。Gürel 等采用 SMM 对波在非均匀分层等离子体中的传输特性进行了深入研究，并给出了 FDTD 法和 SMM 两种方法的对比[101,102]。

　　FDTD 法最早于 1966 年由 Yee[103]提出，经过五十多年的发展，已被成功应用于多种色散介质的电磁学计算问题中。FDTD 法通过中心差分将时域 Maxwellian 旋度微分方程转换为二阶精度的差分方程，通过时间步的递推和空间步的迭代直接数值模拟电磁波的传播过程，可在目标系统的第一谐振频率±谐振波幅度四个量级的范围内，处理超宽频带、各类模拟源，以及任意形状目标和复杂电磁背景下的色散介质电磁学问题。

　　刘少斌等提出了分段线性电流密度卷积时域有限差分法，对电磁波在磁化/非磁化、均匀/非均匀等离子体中的散射特性进行了计算，并分析了假设等离子体模型覆盖下三维目标 RCS 的变化[104]。Akbar 针对色散介质的电磁学计算问题对 Z 变换时域有限差分(ZT-FDTD)法进行了系统的研究，对前向、后向、中心差分下差分近似的区别进行了比较[105]。Sullivan 采用 ZT-FDTD 法研究了等离子体覆盖圆柱目标的 RCS，对比了不同电子密度 n_e 和碰撞频率 ν_m 下 RCS 的变化[106]。Yang 等采用位移算子时域有限差分法对磁化、非磁化等离子体的散射特性进行计算，获得了假设 n_e 分布下等离子体的反射系数[107]。葛德彪等利用基于电流密度拉普拉斯变换方法改进的时域有限差分算法(LTJEC-FDTD)对时变等离子体覆盖目标的 RCS 进行分析，得到了时变等离子体对 RCS 的影响规律[108]。Chung 利用 FDTD 法开发了等离子体覆盖目标 RCS 的计算软件，给出了 1cm 厚的等离子体覆盖下角锥体对 S 和 X 波段电磁波衰减的影响，在最大频点的衰减可以达到 15dB[109]。Liu 等针对薄层等离子体的衰减率进行了计算，获得了大气等离子体中高碰撞情况下的衰减系数[110]。

总体来说，WKB 法在求解 n_e 缓变等离子体中电磁波的一维传输特性问题时，能够获得准确率较高的分析结果，但近似法难以应用于分析复杂的二维、三维电磁学问题，在一些特殊应用场景，如薄层等离子体中，介电常数在波长尺度内的梯度变化导致 WKB 法出现误差。当采用 FDTD 法研究 ICP 的散射特性时，需要预先获取整个放电空间上 n_e 和 ν_m 的分布，由于无法给出 n_e 分布的具体函数表达式，有必要开展等离子体数值模拟研究和特性参数诊断实验获取其空间介电常数。

1.3　动态可调等离子体隐身技术概念

1.3.1　飞行器常规隐身技术

当前，在飞行器上最常用的、最有效的隐身技术包括外形隐身技术和材料隐身技术，它们被成功应用于飞行器，已投入战场，或即将投入使用，如美国 F-117A 和 B-2 轰炸机、F-22 和 F-35 战斗机，以及俄罗斯 T-50 战斗机和 X-47 无人作战飞机等，如图 1.8 所示。它们隐身的核心是降低目标的 RCS。

(a) F-22战斗机　　　　　　　　　　　(b) X-47无人作战飞机

图 1.8　部分典型隐身飞机

　　外形隐身是指通过改变飞行器形状，在一定方位角范围内降低目标的 RCS，其实质是将飞行器的强散射结构改造成弱散射结构[111,112]。外形隐身设计并不能解决所有方向的威胁，需要确定重要和次要的威胁区域。在新型飞行器的研制过程中，外形隐身设计是最为有效，也应首先采用的隐身途径，是决定飞行器隐身性能和水平的首要因素。

　　通过对上述先进隐身飞行器的外形隐身设计特点进行分析，可以归纳出以下一些技术特征：

　　(1) 采用翼身融合一体化设计，消除或减弱角反射器效应。例如，B-2 轰炸机和 X-47 无人作战飞机采用经典的飞翼布局形式，机身机翼高度融合，无尾翼、外挂等结构，大大减少了散射源；F-22、F-35 等隐身战斗机采用倾斜双垂尾，将垂尾、平尾和机翼沿弦向错开，减少投影的重合区域。

　　(2) 采用低 RCS 机身剖面设计，减小前向和侧向雷达的威胁。例如，F-22 战斗机前机身剖面近似于头盔，座舱与机身融合一体化设计。

　　(3) 采用遮挡技术，利用其他部件对某些强散射源进行有效遮挡。利用机身与机翼或 S 弯形管道对进气道与发动机进行遮挡，利用尾翼结构对尾喷口进行遮挡，采用翼面结构遮挡机身，以及加装隐身装置，如典型的 B-2 轰炸机背负式进气道、F-22 战斗机的 S 弯进气道和尾部设计等。

　　(4) 保证飞机表面光滑连续，减少凸起物，降低表面外形突变。例如，采用内埋式武器舱和射频天线内置技术。

　　(5) 按照平行设计原则，对机身棱边、机翼和尾翼边缘、唇口和尾喷口等棱边进行平行设计，对缝隙进行锯齿化设计。例如，F-22、T-50 等隐身战斗机的机翼和平尾前缘、后缘相互平行，B-2 轰炸机也有类似的平行设计。

　　材料隐身是指所有能够降低飞行器 RCS 的材料及其应用方式。RAM 是通过有效吸收入射雷达波的能量使目标反射的雷达回波能量减小的一类功能材料[113]。RAM 应具备两个特性：①材料的匹配特性，即入射波能不在其表面反射而是尽可能进入材料内部；②材料的衰减特性，即进入材料内的电磁波会迅速被吸收衰减掉，减小回波。对于 RAM 在飞行器上的应用，要求它具备"薄、轻、宽、强"以及易维护、成本低的特点，而这些力学性能和成本要求与吸波性能的要求存在矛盾。因此，需要对 RAM 的力学性能、工艺、成本和吸波性能等因素进行优化设计，以满足飞行器隐身的实际需求。

　　首先将 RAM 用于飞行器隐身的是荷兰，随后美国、德国、俄罗斯以及日本等国也陆续将 RAM 应用于飞机、舰艇等武器装备。其中，最具代表意义的是 20 世纪 80 年代美国研制的隐身飞机成功地应用了 RAM，典型的有

F-117A、B-2、F-22 等先进飞机，它们系统地运用了多种 RCS 缩减控制技术，大大地减小了 RCS 值，例如，F-117A 的 RCS 值为 $0.2m^2$，B-2 的 RCS 仅为 $0.01m^2$。俄罗斯也将 RAM 用于现有一些飞行器的改造升级和新型战斗机的研制。日本在隐身材料研制方面的技术和工艺处于先进水平，在其新型支援隐身飞机上将大量应用。中国也十分重视隐身材料的研究与应用，结合地方高校和研究单位开展相关的研究，以解决其存在的瓶颈问题和技术难点。

目前，在飞行器隐身设计中，常规隐身技术仍是较为有效的隐身措施，即采用低 RCS 外形设计，并采取吸波材料等其他措施，但一种技术不能解决飞行器面临的所有威胁，因此需要探索新的隐身技术和隐身机理。

1.3.2 飞行器等离子体隐身技术

等离子体是由大量自由电子、离子和中性粒子组成，在宏观上表现为近似电中性的非凝聚态物质。等离子体隐身技术是一项全新的目标雷达特征信号缩减技术，基本概念是在飞行器的必要散射区域覆盖等离子体，利用等离子体对电磁波的吸收、折射、反射等作用使雷达回波的能量被衰减或传播方向发生改变，达到降低目标 RCS 的效果。

与传统的隐身技术相比，在面对新型反隐身技术的威胁时，等离子体隐身具有几个显著的优势：①飞行器在空中面对多个探测雷达频段的威胁，一般在远距范围受长波预警雷达频段探测威胁，在近距范围受微波雷达频段探测威胁，而等离子体特性参数的取值与其有效吸波频段存在对应关系，通过调节外部放电条件可以实时调控等离子体的特性参数(电子密度 n_e、碰撞频率 ν_m)，进而根据需求动态调节吸波频段，实现频段自适应的雷达隐身能力；②通过合理的等离子体放电源设计，可以适应飞行器外形曲率的变化，不会对飞行器的外形产生大幅影响，可以在不改变飞行器气动性能的前提下，降低其 RCS。除此之外，等离子体隐身还具有使用寿命长、成本较为低廉等优势。

但是目前由于多项瓶颈问题尚未得到解决，等离子体隐身技术距离实际应用还有不小的距离。首先，飞行器等离子体隐身技术中最基本的问题是选择何种等离子体源。等离子体源的种类繁多，根据气压可大致分为大气开放空间等离子体源和密闭低压环境等离子源两类。开放空间等离子体源可直接在大气环境下产生大面积的高密度等离子体，如电子束放电源，在大气压下维持稳态放电需要激励源提供巨大的能量，过高的能耗比严重降低了其在机载平台中应用的可能性。其次，等离子体隐身技术中另一个基础性的问题是如何调控等离子体的介电常数才能满足动态调节吸波频段的需求。在高速运动的飞行器表面，开放空间等离子体的动力学行为严重受高速气流的影响，此时等离子体的维持与其介电常数的调控变得难以实现。另外，电子束放电源需要加装复杂的冷却设备，相对飞行器，其过高的载重、庞大的体积、昂贵的造价也限制了其应用。

相比之下，密闭低压环境等离子体源在飞行器隐身方向具有更大的潜力。首先，得益于工业中的应用，相关领域的学者已经对密闭低压环境等离子体源放电特性开展了较为广泛的研究，密闭低压环境等离子体源的放电形式和参数控制手段多样，例如，通过调节气体参数、功率参数、电极设计、外置磁场等外部条件可以对电子密度 n_e 进行调节；其次，密闭低压环境等离子体源的能耗比较低，一般为百瓦量级，可以满足飞行器平台的能耗限制；再次，在低气压环境中，易于扩散形成大面积等离子体，并且等离子体受低压腔的约束，不被高速气流影响；最后，放电源成本低廉，经济性良好。

但是当前对密闭低压环境等离子体隐身技术的研究存在不足，直接开展工程实现难度较大。首先，等离子体放电系统往往较为复杂，直观上至少包含电源、腔室、线缆和金属电极等部分，在应用于飞行器隐身时，需要对放电系统进行简化、综合设计；其次，当前对低温等离子体源的研究主要集中在材料处理等领域，缺少对其电磁散射特性的系统性研究，尚不能掌握针对需求频段的参数调节方法；再次，在气体放电过程中会产生射频/微波辐射、红外辐射、可见光特征增强等现象，在工程实现中必须考虑上述现象带来的电磁兼容等问题。

1.3.3　强散射源的低气压等离子体隐身技术

飞行器低气压透波腔等离子体隐身技术实现的关键在于等离子体源的设计和针对吸波频段的参数调控方法。常见的低压高密度等离子体源按放电原理和工作频率可以分为直流辉光等离子体源、射频放电等离子体源、波加热等离子体源等。射频放电等离子体源主要工作于 1～100MHz 波段，按功率耦合方式可分为 CCP 源和 ICP 源。CCP 的放电装置如图 1.9 所示[114]，放电原理是通过加载在电极上的射频电压电离气体，由容性的电场分量实现能量的注入，工作频段分为单频、双频、多频等形式。CCP 放电的优点是电极形式简单，等离子体密度分布均匀，但受能量耦合效率限制，n_e 通常在 $10^{10}\sim10^{11}cm^{-3}$ 范围，对应的等离子体频率为 $(0.9\sim2.8)\times2\pi GHz$，不能覆盖当前的雷达频段。

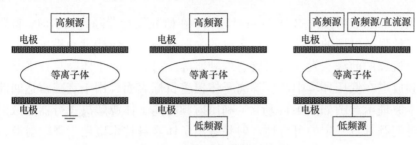

图 1.9 CCP 放电装置示意图

ICP 放电是通过非谐振感应线圈产生的磁场分量将能量耦合进等离子体，根据不同的线圈天线形状和腔体结构分为三类，即圆柱型、凹腔型和平面型，如图 1.10 所示[115-117]。ICP 能够工作在较宽的气压范围(毫托至托)内，稳定地产生高 n_e (10^{17}~10^{18}m^{-3})、大尺寸(腔体尺寸达到 30cm)的等离子体，其对应的等离子体频率能够覆盖主要的雷达波段(L~X 波段)，而且采用无电极放电，具有放电系统装置结构简单、易于设计、参数分布调控手段多样等优点，在等离子体隐身方向有较高的应用潜力。

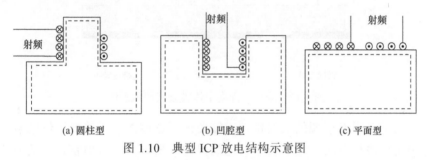

(a) 圆柱型   (b) 凹腔型   (c) 平面型

图 1.10 典型 ICP 放电结构示意图

直流辉光等离子体源是利用阴极和阳极间的电压差激发并维持等离子体[118]，其电极结构单一，常用于圆柱型放电系统，对于大面积放电，其电极的设计将变得困难，例如，非对称电极将导致气体难以击穿，同时还存在高气压下容易形成电弧、n_e 较低等问题，不适用于飞行器隐身。与射频放电等离子体源相比，螺旋波放电[119]、波加热放电[120]、燃烧喷流[121]等方式产生的等离子体 n_e 更高，但波加热放电等离子体频率处于微波波段，常用 2.4GHz，处于雷达敏感波段，存在引入巨大的散射源的风险，并且该频段和机载通信频段重叠，会产生较为复杂的电磁兼容问题；螺旋波放电系统的天线和腔体结构不易改变，且需要直流磁场约束，过于复杂的放电系统导致该方式不适用于等离子体隐身；燃烧喷流会对飞机机体产生强烈的破坏作用，且会产生红外特征。

　　飞行器强散射源对 RCS 的贡献较大,在研究飞行器隐身技术时,首要问题是降低强散射源的雷达回波,飞机的强散射源主要包括发动机进气道、雷达舱、机翼的前缘、发动机喷管、驾驶舱等。射频等离子体隐身技术是指利用射频放电在低压环境中产生等离子体覆盖目标表面,用于衰减雷达回波,其基本原理示意图如图 1.11 所示。利用射频等离子体源解决飞行器强散射源的隐身问题具备一定的可行性。射频等离子体隐身技术应用于强散射源,需要满足以下三个基本要求:①腔体的外形曲率变化和强散射源一致,几何结构与强散射源共形,能够对强散射部位形成有效覆盖或替换,并且不影响原部件的气动特性;②放电腔体应采用结构强度满足要求的透波材料,该材料的边界条件和空气阻抗相匹配,使入射波不在腔体表面产生反射,最大限度地进入等离子体内部,简称透波腔;③容性耦合等离子体的电极或感性耦合等离子体天线在设计时不引入或较少引入 RCS,同时兼顾能量耦合效率。

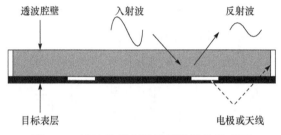

图 1.11　透波腔等离子体吸波结构示意图

　　下面结合强散射源的散射机理,简要地对透波腔射频等离子体隐身技术的应用设想进行分析。发动机进气道的尺寸一般远大于入射雷达波的波长,电磁波在进气道壁面之间及压缩机叶片上的多次反射,导致其对 RCS 的贡献较大。以进气道为典型代表的凹腔形结构是 RCS 缩减控制的重点,主要的凹腔结构还包括雷达舱和座舱等。根据进气道的电磁散射机制,一种进气道等离子体隐身方案的设计如图 1.12 所示,进气道管道壁面采用内嵌的等离子体

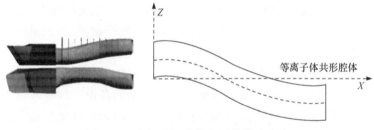

图 1.12　进气道闭式等离子体隐身方案

透波腔设计，腔体几何外形和进气道的曲率变化一致，当雷达波进入进气道后，可在传播路径上吸收雷达波，实现衰减雷达波的同时不影响其气动性能。

已经有学者开展了针对雷达舱等离子体隐身的探索性研究[122]，根据雷达舱的结构和位置特点，一种透波腔等离子体应用于雷达舱隐身的方案设想如图 1.13 所示，利用雷达罩外壳和透波材料形成低压环境，采用平面型 ICP 源在舱内放电产生等离子体。

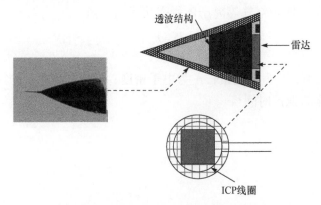

透波结构

雷达

ICP线圈

图 1.13　雷达舱等离子体隐身的方案设计

机翼前缘也属于强散射源，一般在迎头的机首观察角扇形区内机翼前缘可近似为截圆锥体，胡添元采用物理光学近似法和边缘绕射法对机翼的回波散射进行了计算，指出其对 RCS 的贡献值可与进气道相提并论[123]。参考 F-26S STALMA 战斗机等离子体隐身方案，对于机身、机翼、尾翼，可利用桁架、蒙皮构成的半封闭结构构成等离子体放电腔。

1.3.4　等离子体隐身技术的主要评价参数

从电磁学的角度，等离子体可以看为一类特殊的吸波材料，参考雷达吸波材料吸波特性的评价参数[124]，本书尝试性地给出如下等离子体隐身技术的评价参数。

(1) 反射率 R(dB)：

$$R = 20 \lg \frac{E_r}{E_i} = 10 \lg \frac{P_r}{P_i} \tag{1.1}$$

其中，E_i 和 P_i 分别为入射波的电场强度和功率；E_r 和 P_r 分别为反射波的电场强度和功率。

(2) 频带宽度：反射率低于某一给定值的频率范围，即有效衰减带宽。

(3) 入射角敏感性：反射率随入射角的变化关系。

(4) 极化特性：电场相对于入射平面(即入射方向与等离子体层法向构成的平面)的指向。

(5) 品质因数：等离子体所能覆盖的最大波长与其厚度之比，此值越小表明等离子体的吸波性能越好。

(6) 能耗比：衡量等离子体隐身技术实用性的基本评价参数，式(1.2)给出了维持每单位体积空气等离子体所需功率估算值

$$\frac{P}{V} = \frac{n_e e_i}{\tau} \tag{1.2}$$

其中，P 为功率；V 为总能量；n_e 为电子密度；e_i 为电离能，空气为 33.7eV；τ 为等离子体的弛豫时间。

第2章 电磁波在低温等离子体中的传播特性研究

电磁波和等离子体的相互作用一直是波加热放电和等离子体隐身领域的重要研究课题。作为具有电子气属性的色散介质，等离子体中存在的大量自由电子会响应电磁波的电场分量，进而引起电磁波传播特性的改变。同时，等离子体中自由电子的运动方程也由于受到电磁波的作用而发生改变。因此，无外加磁场情况下，电磁波在低温等离子体中的反射、透射、衰减等传播特性，是研究低温等离子体隐身技术的基础。本章主要利用等离子体的色散介质理论模型和 Z 变换时域有限差分(ZT-FDTD)法研究不同参数分布、厚度情况下等离子体的电磁散射特性，为后续研究感性耦合等离子体隐身技术提供研究方法和参考依据。

2.1 低温非磁化等离子体的电磁学传播理论研究

2.1.1 非磁化等离子体的等效介电常数

等离子体中的振荡现象是粒子运动和电场之间耦合的基本现象之一。假设一个宽度为 l 的平面型等离子体，在 t 时刻，粒子的随机热运动导致在平板上下边缘形成了密度为 $\rho = 2en_0\xi_0$ 的电荷差，在平板内产生了电场强度为 $E_y = en_0\xi_0 / \varepsilon_0$ 的均匀电场，电子的受力方程为

$$m\frac{\mathrm{d}^2\xi_e}{\mathrm{d}t^2} = -eE_y \tag{2.1}$$

其中，e 为电子电量；n_0 为粒子密度；ξ_0 为粒子位移；m 为电子质量；ξ_e 为电子位移；ε_0 为真空介电常数。

将电场强度代入式(2.1)中，得到

$$\frac{\mathrm{d}^2\xi_e}{\mathrm{d}t^2} = -\omega_{pe}^2\xi_e \tag{2.2}$$

其中，电子等离子体频率 $\omega_{pe} = \sqrt{e^2 n_e / (\varepsilon_0 m)}$。

式(2.2)的解为 $\xi_e(t)=\xi_{e0}\cos(\omega_{pe}t+\phi_0)$ ，即电子以频率 ω_{pe} 做正弦振荡运动。由于离子的质量远远大于电子的质量，离子的振荡幅度相对电子可以忽略不计[125]，因此一般认为低温等离子体的振荡频率 ω_p 约等于 ω_{pe}。在一些文献中也把等离子体的振荡频率称为等离子体频率或等离子体角频率[126]，由第 1 章可知，电子是影响等离子体频率的主要粒子，在低温等离子体中电子密度约等于等离子体密度，即 $n_e\approx n$ ，电子-中性粒子的碰撞频率 ν_m 约等于等离子体碰撞频率，本书对这两组概念不做区分。

假设一个在局部电场域内均匀的等离子体，受到角频率为 ω 的正弦电场驱动，$E_x(t)=\mathrm{Re}(\tilde{E}_x)\mathrm{e}^{\mathrm{j}\omega t}$，$E_x$ 为电场的幅值，则电子的受力方程为

$$m\frac{\mathrm{d}u_x}{\mathrm{d}t}=-eE_x-m\nu_m u_x \tag{2.3}$$

其中，$u_x(t)=\mathrm{Re}(\tilde{u}_x)\mathrm{e}^{\mathrm{j}\omega t}$。将速度幅值项 $\tilde{u}_x$ 写为复数形式，有

$$\tilde{u}_x=-\frac{e}{m}\frac{1}{\mathrm{j}\omega+\nu_m}\tilde{E}_x \tag{2.4}$$

据此，等离子体中的总电流是位移电流和传导电流之和，传导电流 J_x 只由电子运动产生，其幅值在低温等离子体的近似下为 $\tilde{J}_x=-en_0\tilde{u}_x$，因此总电流幅值 $\tilde{J}_{Tx}$ 为

$$\tilde{J}_{Tx}=\mathrm{j}\omega\varepsilon_0\tilde{E}_x-en_0\tilde{u}_x \tag{2.5}$$

将式(2.4)代入式(2.5)得到

$$\tilde{J}_{Tx}=\mathrm{j}\omega\varepsilon_p\tilde{E}_x=\mathrm{j}\omega\varepsilon_0\left[1-\frac{\omega_p^2}{\omega(\mathrm{j}\omega+\nu_m)}\right]\tilde{E}_x \tag{2.6}$$

引入等效等离子体介电常数 ε_p：

$$\varepsilon_p(\omega)=\varepsilon_0\left[1+\frac{\omega_p^2}{\omega(\mathrm{j}\nu_m-\omega)}\right] \tag{2.7}$$

由式(2.7)可以看出，低温等离子体中存在的碰撞过程是导致能量衰减的主要原因，也是外部电磁波耦合进入等离子体的主要原因。

2.1.2　低温等离子体的色散关系

根据 Maxwell 方程中的旋度方程，有

$$
\begin{cases}
\nabla \times H(r,t) = \varepsilon \dfrac{\partial E(r,t)}{\partial t} + \sigma E(r,t) \\[2mm]
\nabla \times H(r,t) = -\mu \dfrac{\partial H(r,t)}{\partial t} - \sigma_{\mathrm{m}} H(r,t) \\[2mm]
\nabla \cdot H(r,t) = \rho / \varepsilon \\[2mm]
\nabla \cdot H(r,t) = \rho_{\mathrm{m}} / \mu
\end{cases}
\tag{2.8}
$$

其中，ε、μ 分别是介质的磁导率和电容率；ρ、ρ_{m} 分别是电荷密度和磁荷密度；σ、σ_{m} 分别是电导率和磁电阻率。波用指数形式表示为 $E = E_0 \cdot \mathrm{e}^{\mathrm{j}(\omega t - kr)}$，$H = H_0 \cdot \mathrm{e}^{\mathrm{j}(\omega t - kr)}$（$k$ 为波矢量，r 为位置矢量），并代入式(2.8)，对于非磁化等离子体，其电磁学参数(ε、μ 等)是标量；而对于磁化等离子体，其电磁学参数是张量；对于非均匀等离子体，其电磁学参数随空间位置而变化。通过两个旋度方程可以得到等离子体中波矢量 k 的表达式：

$$
k^2 E(r,t) = \frac{\omega^2}{c^2}\left[1 - \frac{\omega_{\mathrm{p}}^2}{\omega(\mathrm{j}\omega + \nu_{\mathrm{m}})}\right] E(r,t)
\tag{2.9}
$$

在不考虑碰撞的条件($\omega \gg \nu_{\mathrm{m}}$)下，等离子体可以看为无损介质。当 $\omega > \omega_{\mathrm{p}}$ 时，波矢量为实数，电磁波可以在等离子体中传输；当 $\omega < \omega_{\mathrm{p}}$ 时，波矢量为虚数，电磁波不能在等离子体中传输，进入等离子体内部的电磁波会随着传输距离的增加以指数形式衰减。在考虑碰撞的情况下，k 是一个复矢量，也可表示为 $k = \beta - \mathrm{j}\alpha$。其中，衰减系数 α 是本书主要关注的参数，其代表电磁波对自由电子做功，再通过碰撞转化为粒子的动能和电离能；相移系数 β 描述的是电磁波在等离子体中传播时相位的改变。

等离子体的介电参数的复数形式为

$$
\varepsilon_{\mathrm{p}} = 1 - \frac{\omega_{\mathrm{p}}^2}{\omega^2 + \nu_{\mathrm{m}}^2} - \mathrm{j}\frac{\omega_{\mathrm{p}}^2 \nu_{\mathrm{m}}}{(\omega^2 + \nu_{\mathrm{m}}^2)\omega}
\tag{2.10}
$$

联立式(2.9)和式(2.10)可得

$$
\alpha = \frac{\sqrt{2}k_0}{2}\sqrt{-\Delta_1 + \sqrt{\Delta_1^2 + \Delta_2^2}}
$$

$$
\beta = \frac{\sqrt{2}k_0}{2}\sqrt{\Delta_1 + \sqrt{\Delta_1^2 + \Delta_2^2}}
$$

$$
\Delta_1 = 1 - \frac{\omega_{\mathrm{p}}^2}{\omega^2 + \nu_{\mathrm{m}}^2}
\tag{2.11}
$$

$$\Delta_2 = \frac{\nu_{\mathrm{m}}}{\omega}\frac{\omega_{\mathrm{p}}^2}{\omega^2+\nu_{\mathrm{m}}^2}$$

由式(2.11)可知，等离子体中的波矢量主要取决于 ω_{p}、ν_{m} 和电磁波角频率 ω。下面根据低温射频等离子体的工作气压和放电模态对典型情况的衰减系数和相移系数进行讨论。

(1) 对于低气压($<5\mathrm{Pa}$)、弱电离放电($n_{\mathrm{e}}<10^{10}\mathrm{cm}^{-3}$)情况，如感性耦合放电中的 E 模式，一般来说，其 $\nu_{\mathrm{m}}<10^8\mathrm{Hz}$，$\omega_{\mathrm{p}}<1\times2\pi\,\mathrm{GHz}$，对于当前主要雷达波频段，其衰减系数和相移系数可简化为

$$\alpha' = k_0\Delta_2'\sqrt{\Delta_1'}$$
$$\beta' = k_0\sqrt{\Delta_1'}$$
$$\Delta_1' = 1-\frac{\omega_{\mathrm{p}}^2}{\omega^2} \tag{2.12}$$
$$\Delta_2' = \frac{\nu_{\mathrm{m}}}{2\omega}\frac{\omega_{\mathrm{p}}^2}{\omega^2-\nu_{\mathrm{m}}^2}$$

其中，k_0 为真空中的波矢量。此时 ω_{p} 较低，不足以完全响应电磁波电场的变化频率，β' 与 ν_{m} 关系不大，α' 与 ν_{m} 成正比，这样的介质接近低损耗介质。

(2) 对于低气压($<5\mathrm{Pa}$)、强电离放电($n_{\mathrm{e}}>10^{13}\mathrm{cm}^{-3}$)情况，如感性耦合放电中的 H 模式，其 $\nu_{\mathrm{m}}<10^8\mathrm{Hz}$，但 ω_{p} 远高于 $1\mathrm{GHz}$，衰减系数和相移系数简化为

$$\alpha'' = k_0\sqrt{\Delta_1''}$$
$$\beta'' = k_0\Delta_2''\sqrt{\Delta_1''}$$
$$\Delta_1'' = \frac{\omega_{\mathrm{p}}^2}{\omega^2}-1 \tag{2.13}$$
$$\Delta_2'' = \frac{\nu_{\mathrm{m}}}{2\omega}\frac{\omega_{\mathrm{p}}^2}{\omega^2-\omega_{\mathrm{p}}^2}$$

β'' 与 ν_{m} 成正比，由于 $\nu_{\mathrm{m}}\ll\omega$，碰撞对 β'' 影响较小，α'' 几乎不受碰撞的影响。而由于等离子体的高通特性，低于 ω_{p} 的电磁波由于截止效应不能在等离子体中传播，对于非均匀等离子体，将最大 n_{e} 对应的等离子体频率定义为截止频率 ω_{c}。

(3) 对于高气压($>1000\mathrm{Pa}$)、强电离放电($n_{\mathrm{e}}>10^{13}\mathrm{cm}^{-3}$)情况，其 ν_{m} 和 ω_{p} 远大于 $1\mathrm{GHz}$，衰减系数和相移系数简化为

$$\alpha''' = k_0 \sqrt{\Delta_2'''} \left(1 - \Delta_1'''\right)$$

$$\beta''' = k_0 \sqrt{\Delta_2'''} \left(1 + \Delta_1'''\right)$$

$$\Delta_1''' = \frac{\omega}{2\nu_m} \tag{2.14}$$

$$\Delta_2''' = \frac{\omega_p^2}{2\omega\nu_m}$$

此时，由于强碰撞等离子体的电导率很小，对于低频波，等离子体接近于良导体。对于多数情况下的低温射频等离子体放电，其 ν_m 和 ω_p 处于微波波段[127]，和雷达波频段的相互作用更为复杂，不适宜采用近似模型，因此需要研究更加精确的色散关系模型。

2.2　Z 变换时域有限差分法研究

2.2.1　时域有限差分法原理

本书采用 FDTD 法作为等离子体与电磁波相互作用的主要数值计算方法。和有限元法、矩量法等传统方法相比，在等离子体电磁散射特性领域，FDTD 法具有以下优势[128]：①FDTD 法通过时间步和空间步推进计算电磁波的传播，通过定义每一个网格/元胞的电磁参数，可以精确反映目标介质参数和形状的细微变化，因此它在处理色散介质覆盖复杂形状目标的电磁散射特征问题时具有较大优势；②FDTD 法可使电磁场的时域特性直接反映出来，利用可视化的数值模拟过程更为清晰地观察电磁波在等离子体中的传播过程和细节，可以获得实验测量不到的复杂物理过程；③在 FDTD 法中，可以直接采用时域窄脉冲函数作为激励源，一次传播过程的计算结果经过相关的 Fourier 变换处理后可以获得超宽频段的信息；④FDTD 法原理简单，不需要矩阵求逆运算，适合并行计算。下面以二维横磁(TM)波的电磁学问题为例，简单介绍 FDTD 法的基本原理。TM 波的 Maxwell 时域微分表达式为

$$\begin{cases} \dfrac{\partial E_z}{\partial y} = -\mu \dfrac{\partial H_x}{\partial t} - \gamma_m H_x \\[3mm] -\dfrac{\partial E_z}{\partial x} = -\mu \dfrac{\partial H_y}{\partial t} - \gamma_m H_y \\[3mm] \dfrac{\partial H_y}{\partial x} - \dfrac{\partial H_x}{\partial y} = \varepsilon \dfrac{\partial E_z}{\partial t} + \gamma E_z \end{cases} \tag{2.15}$$

FDTD 法的原理是在空间和时间上离散取样电磁场，目标是通过差分的方式将式(2.15)离散，建立二阶精度的 Maxwell 旋度差分方程，因此首要解决的问题是对计算空间的网格进行剖分。本书根据经典的 Yee 元胞对空间进行分割，电磁场的六个分量在空间的取样点分别在正方形元胞的边沿和中心点上，如图 2.1 所示。

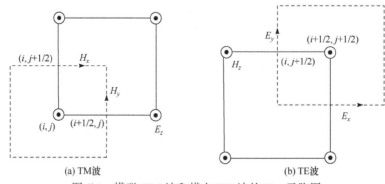

图 2.1　横磁(TM)波和横电(TE)波的 Yee 元胞图

Yee 元胞是一种典型的中心差分近似，其每个电场分量被四个磁场分量环绕，每个磁场分量被四个电场分量环绕，相邻电场和磁场分量在任何方向上相差半个步长，相邻磁场分量与电场分量相差半个时间步，这种场量的配置可满足在元胞上法拉第定律和安培定律的自然几何结构，以及介质边界面上的连续性条件，能准确模拟电磁波的传播过程。将离散后计算空间中的 Yee 元胞进行编号，编号与元胞空间位置按照下面的方式对应起来，$(x, y) \Leftrightarrow (i\Delta x, j\Delta y)$，其中 Δx、Δy 分别表示在 x、y 方向上的空间步长，i、j 为元胞序号，在 n 时刻的时间步为 $t_n - 1/2\Delta t = (n - 1/2)\Delta t$，$\Delta t$ 为时间步长，在离散后的时空内，任意一个点的场分量可表示为

$$F^n(i, j) = F^n(i\Delta x, j\Delta y) \tag{2.16}$$

据此得到 FDTD 的递推公式，即式(2.17)给出了真空中的递推公式，即

$$\begin{cases} H_{x(i+1/2,j)}^{n+1} = H_{x(i+1/2,j)}^{n} - \dfrac{\Delta t}{\Delta x} \dfrac{1}{\sqrt{\varepsilon_0 \mu_0}} \cdot \left[E_{z(i+1/2,j+1/2)}^{n+1/2} - E_{z(i+1/2,j-1/2)}^{n+1/2} \right] \\[2mm] H_{y(i+1/2,j)}^{n+1} = H_{y(i,j+1/2)}^{n} + \dfrac{\Delta t}{\Delta x} \dfrac{1}{\sqrt{\varepsilon_0 \mu_0}} \cdot \left[E_{z(i+1/2,j+1/2)}^{n+1/2} - E_{z(i-1/2,j+1/2)}^{n+1/2} \right] \\[2mm] H_{z(i+1/2,j+1/2)}^{n+1/2} = H_{z(i+1/2,j+1/2)}^{n-1/2} + \cdots \\[2mm] \qquad + \dfrac{\Delta t}{\Delta x} \sqrt{\dfrac{\varepsilon_0}{\mu_0}} \cdot \left[H_{x(i+1/2,j)}^{n} - H_{x(i+1/2,j+1)}^{n} + H_{y(i+1,j+1/2)}^{n} - H_{y(i,j+1/2)}^{n} \right] \end{cases} \tag{2.17}$$

数值波模式的传播速度不仅与频率有关,还与元胞尺寸和传播方向有关,因此网格中数值波模式的相速度不等于光速,在建模中需要考虑此类数值色散带来的误差。另外,FDTD 法是一种迭代算法,只有当数值模拟收敛时其结果才有意义,时间步长和空间步长的取值必须满足稳定性约束条件[129],对于二维 FDTD 问题,约束关系为式(2.18),当 $\Delta x = \Delta y$ 时,有 $c\Delta t / \Delta x \leqslant 1/\sqrt{2}$。

$$c\Delta t \leqslant \frac{1}{\sqrt{\dfrac{1}{(\Delta x)^2} + \dfrac{1}{(\Delta y)^2}}} \tag{2.18}$$

2.2.2　Z 变换时域有限差分法

1.2.4 节已经介绍了部分色散介质 FDTD 法,其中递推卷积法、辅助方程法、移位算子法等方法在计算结果时需要经过一次 Fourier 逆变换,会产生复杂的积分项。Z 变换法可直接将 Drude 模型的电磁场方程在 Z 域下表征为离散差分方程,避免了积分项的引入,易于计算机编程并具有较高的精度。对低温非磁化等离子体等效介电常数进行 Z 变换有

$$\frac{1}{\mathrm{j}\omega} \rightarrow \frac{1}{1-z^{-1}} \tag{2.19}$$

$$\frac{1}{\alpha + \mathrm{j}\omega} \rightarrow \frac{1}{1 - z^{-1}\exp(-\alpha\Delta t)} \tag{2.20}$$

$$\varepsilon_{\mathrm{p}}(z) = \varepsilon_0 \left[\frac{1}{\Delta t} + \frac{\omega_{\mathrm{p}}^2}{v_{\mathrm{m}}} \frac{1}{1-z^{-1}} + \frac{\omega_{\mathrm{p}}^2}{v_{\mathrm{m}}} \frac{1}{1 - z^{-1}\exp(-\alpha\Delta t)} \right] \tag{2.21}$$

等离子体介质在 Z 域上的本构关系为

$$D(\omega) = \varepsilon_{\mathrm{p}}(\omega)E(\omega) \Rightarrow D(z) = \varepsilon\pi(z)E(z)\Delta t \tag{2.22}$$

其中,$D(z)$ 为电流密度,且

$$D(z) = E(z) + \left[\frac{\omega_{\mathrm{p}}^2}{v_{\mathrm{m}}} \frac{1}{1-z^{-1}} - \frac{\omega_{\mathrm{p}}^2}{v_{\mathrm{m}}} \frac{1}{1 - z^{-1}\exp(-v_{\mathrm{m}}\Delta t)} \right] E(z)\Delta t \tag{2.23}$$

引入辅助变量 $S(z)$,即

$$D(z) = E(z) + S(z) \tag{2.24}$$

$$S(z) = \left[\frac{\omega_{\mathrm{p}}^2}{v_{\mathrm{m}}} \frac{1}{1-z^{-1}} - \frac{\omega_{\mathrm{p}}^2}{v_{\mathrm{m}}} \frac{1}{1 - z^{-1}\exp(-v_{\mathrm{m}}\Delta t)} \right] E(z)\Delta t \tag{2.25}$$

对 $S(z)$ 处理后可以计算出

$$S(z) = z^{-1}S(z)\left[1-\exp(-\nu_\mathrm{m}\Delta t)\right] - z^{-2}S(z)\exp(-\nu_\mathrm{m}\Delta t)$$
$$+ \frac{\omega_\mathrm{p}^2}{\nu_\mathrm{m}}E(z)z^{-1}\Delta t\left[1-\exp(-\nu_\mathrm{m}\Delta t)\right] \tag{2.26}$$

其中，含 z^{-1} 项、z^{-2} 项分别代表辅助参量 $S(z)$ 的前一时间步与前两时间步的取值。引入单一辅助量 $S(z)$ 可以节约计算机资源，提高执行效率。ZT-FDTD 对等离子体中电磁波各场量的递推方法如式(2.27)～式(2.30)所示：

$$E^n = D^n - S^n \tag{2.27}$$

$$S^n = S^{n-1}\left[1-\exp(-\nu_\mathrm{m}\Delta t)\right] - S^{n-2}\exp(-\nu_\mathrm{m}\Delta t) + \frac{\omega_\mathrm{p}^2}{\nu_\mathrm{m}}E^{n-1}\Delta t\left[1-\exp(-\nu_\mathrm{m}\Delta t)\right] \tag{2.28}$$

$$H^{n+1/2} = H^{n-1/2} - \frac{\Delta t}{\mu}\left[\nabla\times E\right]^n \tag{2.29}$$

$$D^{n+1} = \Delta t\left[\nabla\times E\right]^{n+1/2} + D^n \tag{2.30}$$

2.2.3 时域有限差分激励源研究

时域脉冲是 FDTD 法中最常用的激励源，通过一次时间域的计算可以直接获得全频率响应，窄带高斯脉冲函数是最常用的脉冲源[130]，其时域信号和频谱如图 2.2 所示。

窄带高斯脉冲函数和升余弦脉冲函数的表达式如式(2.31)～式(2.33)所示：

$$E_\mathrm{Gaussian}(t) = \exp\left[-\frac{4\pi(t-t_0)^2}{\tau^2}\right] \tag{2.31}$$

$$E_\mathrm{Gaussian}(f) = \frac{\tau}{2}\exp\left(-2\mathrm{j}\pi ft_0 - \frac{\pi f^2\tau^2}{4}\right) \tag{2.32}$$

$$E_\mathrm{Raised\text{-}cosine}(t) = \begin{cases} 0.5\left[1-\cos(2\pi t/\tau)\right], & 0\leqslant t\leqslant\tau \\ 0, & \text{其他} \end{cases} \tag{2.33}$$

$$E_\mathrm{Raised\text{-}cosine}(f) = \frac{\tau\exp(-\mathrm{j}\pi f\tau)}{1-f^2\tau^2}\frac{\sin(\pi f\tau)}{\pi f\tau} \tag{2.34}$$

其中，τ 为高斯脉冲的宽度；t_0 为脉冲峰值的时间值，一般在 $f=2/\tau$ 的位置为高斯脉冲的频宽，这时频谱为最大值的 4.3%。升余弦脉冲函数也是一种常用的激励源，其时域和频谱如图 2.2 所示，其频谱在 $f=2/\tau$ 时为第一个零点。用 FDTD 法模拟时谐场过程时，在入射波源的作用下系统需要一定时间才能获得稳态响应，因此需要引入开关函数用于缩短稳态建设所需要的时间和减小冲激效应，升余弦脉冲函数是常用的开关函数。

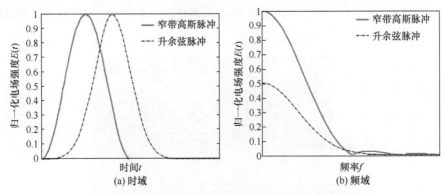

图 2.2 窄带高斯脉冲和升余弦脉冲的时域和频域谱线

2.3 不同电子密度空间分布对电磁波传播特性的影响

本节采用假设的一维函数描述低温等离子体中 n_e 的取值范围和梯度变化，利用低温非磁化等离子体的 Drude 介电常数模型和 ZT-FDTD 法研究常规雷达波频段(1~20GHz)电磁波在低温等离子体中的单程透射、单程反射、衰减等散射特性。传输率、反射率、衰减率的定义为

$$\eta_{\text{Tra}} = 20\lg\left|\frac{\tilde{E}_{\text{Tra}}}{\tilde{E}_0}\right| \tag{2.35}$$

$$\eta_{\text{Ref}} = 20\lg\left|\frac{\tilde{E}_{\text{Ref}}}{\tilde{E}_0}\right| \tag{2.36}$$

$$\eta_{\text{Att}} = 20\lg\left|\frac{\tilde{E}_0 - \tilde{E}_{\text{Ref}} - \tilde{E}_{\text{Tra}}}{\tilde{E}_0}\right| \tag{2.37}$$

其中，$\tilde{E}_{\text{Tra}}$、$\tilde{E}_{\text{Ref}}$ 和 $\tilde{E}_0$ 分别为透射波、反射波和入射波的电场幅值，系数越接近零幅值越大，例如，$\tilde{E}_{\text{Tra}}=0.1\tilde{E}_0 \Rightarrow \eta_{\text{Tra}}=-20\text{dB}$，$\tilde{E}_{\text{Ref}}=0.5\tilde{E}_0 \Rightarrow \eta_{\text{Ref}}\approx-6\text{dB}$，$\tilde{E}_{\text{Att}}=0.95\tilde{E}_0 \Rightarrow \eta_{\text{Ref}}\approx-0.45\text{dB}$。

平面波在等离子体中传播的 ZT-FDTD 模型如图 2.3 所示，模型包含等离子体区域、总场区域、散射场区域，n_e分布函数选取均匀分布、对称二项分布、指数分布，激励源为高斯脉冲函数，波源为平面波，入射角选取 30°，低温射频等离子体的典型放电气压 P 为 1～1000Pa，电子温度 T_e 为 1～5eV，ν_m 可根据 P 和 T_e 由经验公式(2.38)估计[131]：

$$\nu_m = 1.52 \times 10^7 P\sqrt{T_e} \tag{2.38}$$

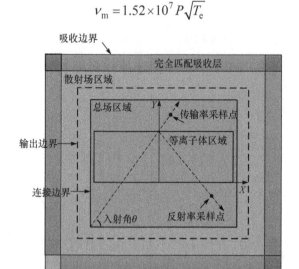

图 2.3　平面波在等离子体中传播的 ZT-FDTD 模型

2.3.1　均匀分布型等离子体密度分布

均匀分布是研究电磁波与等离子体相互作用时最基本的 n_e 分布。尽管在实际放电中，n_e 具有一定的空间梯度，但在电负性气体的核心放电区一般认为 n_e 是均匀的，因此对均匀分布的研究具有实际意义。模型中 n_e 范围参考低温射频等离子体的典型量级 10^{16}～10^{18}m^{-3}，腔体厚度设置为 1～10cm，ν_m 设置为 9×10^8～15×10^9Hz，n_e 为 1×10^{17}m^{-3}，对应的 ω_p 为 $2.8\times2\pi$ GHz，n_e 为 12×10^{17}m^{-3}，对应的 ω_p 为 $9.7\times2\pi$ GHz。

图 2.4 给出了固定 ν_m 和等离子体厚度条件下，反射率、透射率和衰减率随 n_e 的变化曲线。由于等离子体对电磁波的高通低阻特性，反射率随着 n_e 的升高不断增加，在频率小于 2.8GHz 的范围内反射率变化较小，并且反射波呈现随频率的波动特征。透射率的变化趋势和反射率的变化相反，随着 n_e 的升高而不断降低，但在频率大于 9.7GHz 的范围内透射率随 n_e 的变化较小。在 ν_m 固定的前提下，衰减率随 n_e 的增大而整体不断增大，并且衰减峰随着 n_e 的增大向更高频率方向移动，衰减率的峰值在截止频率 ω_e 附近。

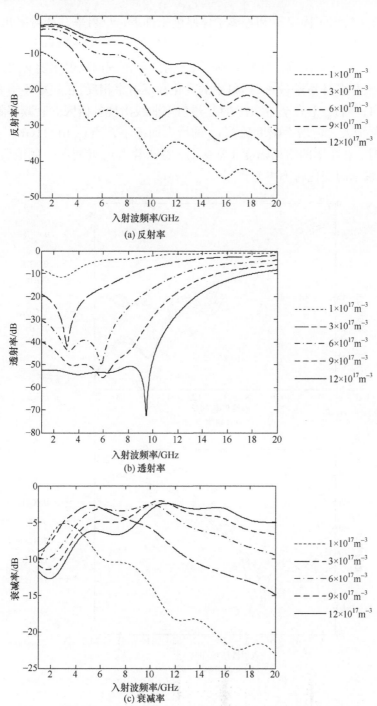

(a) 反射率

(b) 透射率

(c) 衰减率

图 2.4　固定 ν_m 和等离子体厚度条件下均匀分布中等离子体的散射参量随 n_e 的变化

图 2.5 给出了固定 n_e 和等离子体厚度条件下，反射率、透射率和衰减率随 ν_m 的变化曲线，n_e 设置为 $9 \times 10^{17} \mathrm{m}^{-3}$，对应的 ω_p 为 $8.5 \times 2\pi\,\mathrm{GHz}$，厚度设置为 $10\mathrm{cm}$，ν_m 详见图例。在频率小于 $8.5\mathrm{GHz}$ 的范围内反射率随 ν_m 的增大呈减小趋势，但整体影响较小，透射率的变化和反射率相反，在频率小于 $8.5\mathrm{GHz}$ 的范围内，当 ν_m 上升至 $3\mathrm{GHz}$ 时，透射率曲线出现谷值区。衰减率随 ν_m 的增大不断增大，但增大幅度随着 ν_m 的增大而缩小，当 ν_m 由 $11\mathrm{GHz}$ 上升至 $15\mathrm{GHz}$ 时，衰减率的增加幅度非常微弱，意味着当 ν_m 超过某一阈值后，提高 ν_m 对衰减率的变化将不再起作用。

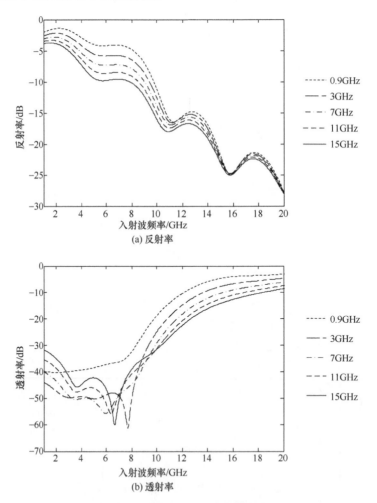

(a) 反射率

(b) 透射率

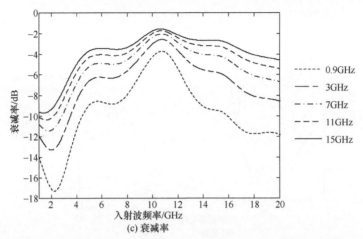

(c) 衰减率

图 2.5 固定 n_e 和等离子体厚度条件下均匀分布中等离子体的散射参量随 ν_m 的变化

图 2.6 给出了固定 n_e 和 ν_m 条件下，反射率、透射率和衰减率随等离子体厚度的变化曲线，n_e 设置为 $9\times10^{18}\mathrm{m}^{-3}$，$\nu_m$ 设置为 8GHz，等离子体厚度的设置详见图例。从反射率曲线可以看出，在均匀分布下，等离子体厚度变化对反射率的影响较小，透射率随着厚度的增加而显著降低，主要原因是厚度的增加显著地加剧了入射波的衰减吸收，而当等离子体厚度下降至一定程度后对入射波的衰减效果不佳，特别是在低频段，衰减率出现严重的下降，这也证实等离子体和雷达吸波材料一样[132]，对低频的衰减需要达到一定厚度才有效果，因此提升等离子体的品质因数对衰减电磁波具有重要意义。

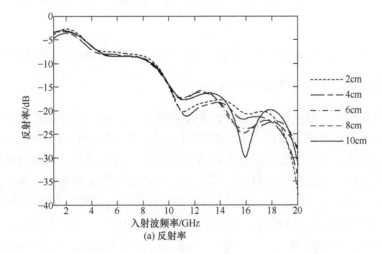

(a) 反射率

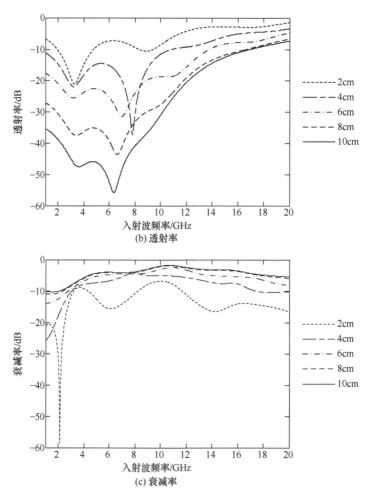

图 2.6 固定 n_e 和 ν_m 条件下均匀分布中等离子体的散射参量随等离子体厚度的变化

2.3.2 轴对称型等离子体密度分布

在研究非脉冲射频放电中电子的扩散和输运时，常采用稳态扩散方程的平行板解或者圆柱型解，根据不同的粒子源情况，其一维密度分布可以用二次函数、余弦函数、零阶贝塞尔函数等函数近似表示，这些函数具有典型的轴对称性，同时大量的文献研究表明低气压 CCP、ICP 放电的 n_e 分布具有中心对称特征。因此，本节以二次分布为例，给出 n_e 呈二次分布对电磁波散射参量的影响。

图 2.7 为固定 ν_m 和等离子体厚度条件下，反射率、透射率和衰减率随 n_e 的变化曲线，等离子体厚度设置为 10cm， ν_m 设置为 8GHz， n_e 服从式(2.39)的二次分布。

$$n_{\mathrm{e}}(z) = \frac{n_{\mathrm{e\text{-}max}}}{d^2}(z-d)^2 \tag{2.39}$$

其中，$n_{\mathrm{e\text{-}max}}$ 为二次分布的 n_{e} 峰值；d 为 n_{e} 峰值对应轴向坐标点。和均匀分布相比，二次分布下反射率曲线在高频区域出现较为强烈的波动特性，这是由于 n_{e} 的连续梯度变化会导致传播中出现复杂的反射现象，分析详见 5.2.1 节，复杂的反射波叠加会加剧曲线的波动特征。透射率曲线中谷值区对应的频率明显低于 ω_{c}，分析原因是二次分布中，沿波的传输方向上平均 n_{e} 明显低于均匀分布的 n_{e}。二次分布的衰减率明显高于均匀分布时，分析原因，是多次反射增加了波在等离子体中的传输距离，同时二次分布中等离子体频率分量理论上可以覆盖 ω_{c} 以下所有频段，在较宽的频带内可产生共振衰减现象。同时，随着 n_{e} 的增大，观察到衰减峰向高频方向移动。

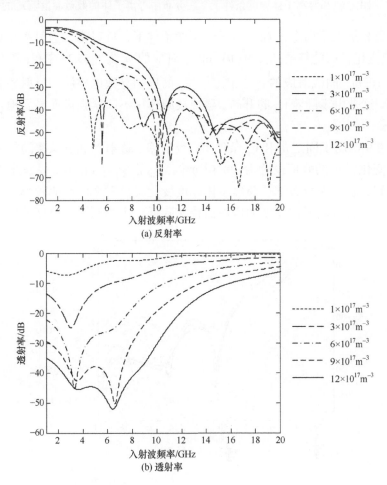

(a) 反射率

(b) 透射率

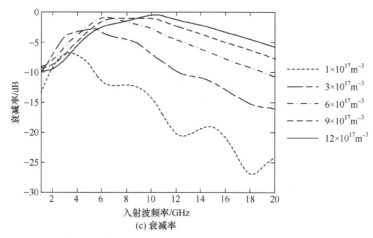

(c) 衰减率

图 2.7　固定 ν_m 和等离子体厚度条件下二次分布中等离子体的散射参量随 n_e 的变化

图 2.8 给出了固定 n_e 和等离子体厚度条件下，反射率、透射率和衰减率随 ν_m 的变化，n_e 的峰值达到 $9\times10^{17}\mathrm{m}^{-3}$，对应的 ω_p 为 $8.5\times2\pi\,\mathrm{GHz}$，腔体厚度设置为 10cm，曲线对应的 ν_m 见图例。ν_m 的增加导致电磁波的反射率和透射率降低，这是由于随着 ν_m 的升高，碰撞衰减作用不断增强进而显著地提高了衰减率。

图 2.9 给出了固定 n_e 和 ν_m 条件下，反射率、透射率和衰减率随等离子体厚度的变化，n_e 的峰值设置为 $9\times10^{18}\mathrm{m}^{-3}$，$\nu_m$ 设置为 8GHz。从反射率曲线可以看到，在二次分布下，等离子体厚度变化对反射率的影响较小，反射率和透射率随着等离子体厚度的增加而快速降低，主要原因是厚度的增加显著

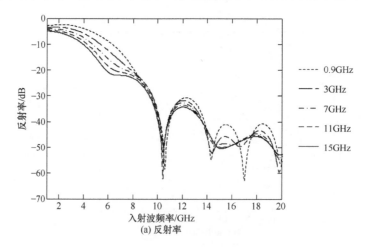

(a) 反射率

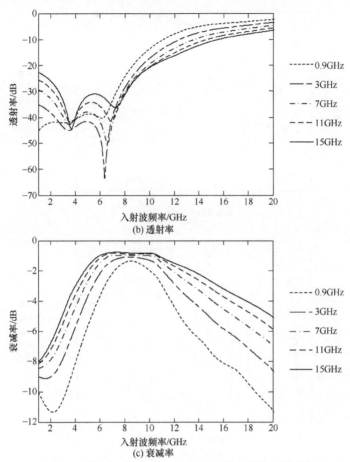

(b) 透射率

(c) 衰减率

图 2.8　固定 n_e 和等离子体厚度条件下二次分布中等离子体的散射参量随 v_m 的变化

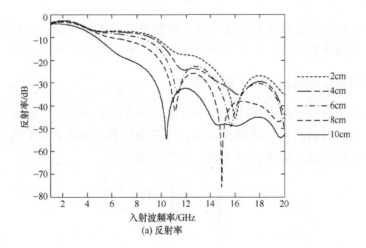

(a) 反射率

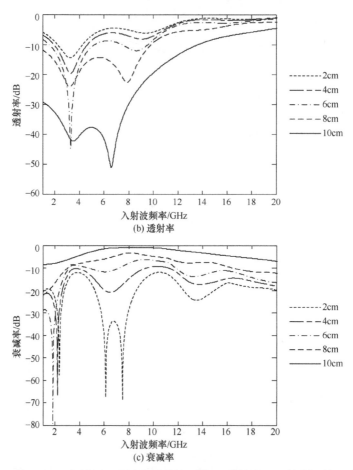

图 2.9　固定 n_e 和 ν_m 条件下二次分布中等离子体的散射参量随等离子体厚度的变化

地加剧了入射波的衰减率，薄层等离子体的衰减效果相对较差，尤其是低 n_e 情况下，衰减率在低频段的某些频点出现极小值，几乎没有衰减效果。

2.3.3　单调变化型等离子体密度分布

当等离子体的扩散模式接近一个给定粒子束流从一侧进入而从另一侧离开时，在此区域内的 n_e 是逐渐衰减的，可采用指数分布或者 1/4 周期的余弦函数进行近似描述。假设 n_e 分布满足指数函数：

$$n_e(z) = n_{e\text{-max}} \exp\left[-a\left(1 - \frac{z}{d}\right)\right] \tag{2.40}$$

其中，$n_{e\text{-max}}$ 是放电腔室内 n_e 的最大值；d 是等离子体的厚度；a 是指数分布的调节因子。

　　图 2.10 为固定 ν_m 和等离子体厚度条件下，反射率、透射率和衰减率随 n_e 的变化曲线，等离子体厚度为 10cm，ν_m 设置为 8GHz，n_e 服从式(2.40)的指数分布。指数分布下反射率曲线在高频区的波动特性被加强，分析原因，指数分布中 n_e 的空间梯度变化更加剧烈，复杂的反射波叠加会加剧曲线的波动特征。n_e 在 $12\times10^{17}m^{-3}$ 对应的 ω_p 为 $9.7\times2\pi\,GHz$，透射率谷值区和衰减率的峰值区对应的频段远低于 n_e 峰值对应的 ω_p，此时衰减峰并不在 ω_c 的附近，但在低频区($<10GHz$)，指数分布的衰减率明显高于均匀分布和二次分布，分析原因认为沿波入射方向上逐步递增的 n_e 分布有利于电磁波的入射。

　　图 2.11 给出了固定 n_e 和等离子体厚度条件下，反射率、透射率和衰减率随 ν_m 的变化曲线，n_e 的峰值达到 $9\times10^{17}m^{-3}$，厚度设置为 10cm，ν_m 的设置见图 2.11 中的图例。在低频区($<4GHz$)，ν_m 的增加导致反射率略微降低，在小于 8GHz 的频带内，透射率反常地随着 ν_m 升高而增大，衰减率几乎不随 ν_m 升高而增大，分析认为单调递增的 n_e 梯度变化可以最大限度地降低反射，提高等离子体对入射波的衰减效果。

　　图 2.12 给出了固定 n_e 和 ν_m 条件下，反射率、透射率和衰减率随等离子体厚度的变化，n_e 的峰值设置为 $9\times10^{18}m^{-3}$，ν_m 设置为 8GHz，指数分布下，等离子体厚度变化对反射率的影响较小，透射率随着等离子体厚度的增加而快速降低，分析认为等离子体厚度的增加显著加剧了入射波的衰减，导致透射波能量较低，而薄层等离子体的衰减效果相对最差，衰减率在低频段的多个频点出现极小值。

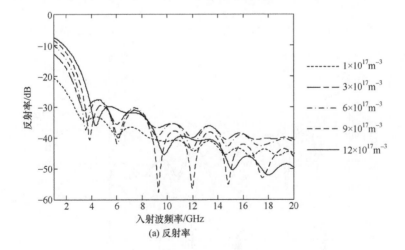

(a) 反射率

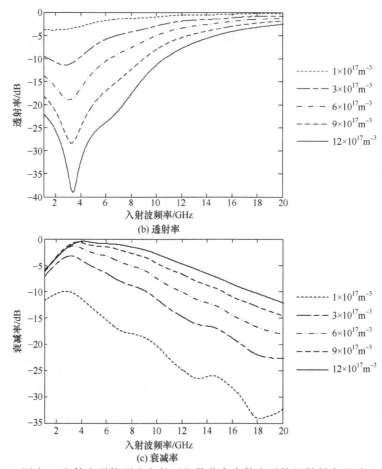

(b) 透射率

(c) 衰减率

图 2.10　固定 ν_m 和等离子体厚度条件下指数分布中等离子体的散射参量随 n_e 的变化

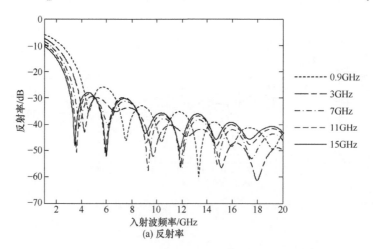

(a) 反射率

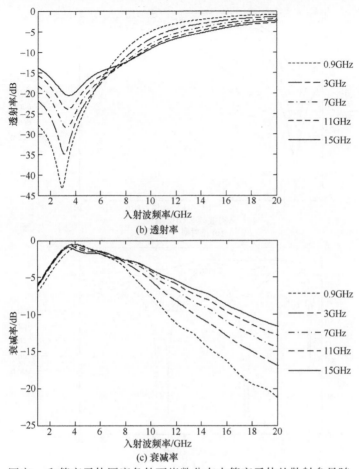

图 2.11　固定 n_e 和等离子体厚度条件下指数分布中等离子体的散射参量随 ν_m 的变化

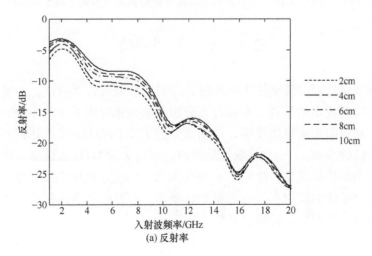

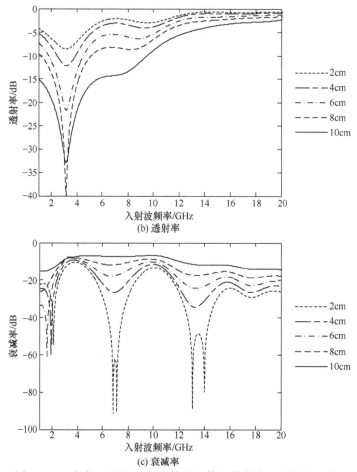

图 2.12　固定 n_e 和 ν_m 条件下指数分布中等离子体的散射参量随等离子体厚度的变化

2.4　本章小结

　　电磁波在低温等离子体中的反射、透射、衰减等传播特性，是研究低温等离子体隐身技术的基础。本章首先分析了非磁化等离子体的等效介电常数并研究了相应的理论色散模型，详细地分析了 ZT-FDTD 法，在典型低温等离子体的特性参数 n_e、ν_m 的取值范围内，利用 ZT-FDTD 法建立了电磁波在等离子体中的传播模型，计算了 n_e 均匀分布、二次分布和指数分布三种分布情况下等离子体的反射率、透射率和衰减率。本章的研究内容可以为后续章节等离子体放电源的设计提供理论依据。

第 3 章　感性耦合等离子体空间参数
诊断方法研究

等离子体介电常数主要取决于 n_e、ν_m 的分布，分析等离子体覆盖目标的电磁散射特性或建立电磁波在等离子体中的传播模型时，需要等离子体的空间介电常数，因此需要对等离子体特性参数的空间分布进行精确的诊断。本章研究低温等离子体中 n_e、T_e 的空间诊断方法，为后续开展透波腔感性耦合等离子体放电研究提供诊断支持。

3.1　低气压感性耦合等离子体 Langmuir
探针诊断法

Langmuir 探针诊断技术由学者 Langmuir 和 Mott-Smith 在 1926 年提出，最基本的结构为插入等离子体内部的球形或者圆柱形电极，具有结构简单、空间分辨率较高等优点[133]，是当前应用较为广泛的低温等离子体参数诊断方法。作为一种介入性的诊断方法，Langmuir 探针的使用场景必须满足以下要求[134]：①等离子体的空间尺度必须大于 Debye 长度；②电子温度必须远大于离子温度；③放电气压必须足够低，以保证电子和离子的平均自由程大于探针的鞘层厚度，即需要是无碰撞或者弱碰撞的；④鞘层厚度必须小于 Langmuir 探针的顶尖半径。

低气压等离子体中，在电场力的作用下自由电子比粒子活跃得多，由于单位时间内探针电极表面收集的离子数远少于电子数，离子流远小于电子流。因此，在探针电极暴露于等离子体中的极短时间内，其表面会出现净负电荷并产生场强，正离子受电场吸引而向电极方向运动的同时电子受到排斥，此过程达到平衡时净电流为零，此时探针电极的悬浮电位为 V_f，设等离子体的空间电位为 V_{sp}，那么在探针电极和等离子体间产生了电位差为 $V_{sp} - V_f$ 的鞘层，只有部分动能足够大的电子才能克服势垒穿越鞘层到达探针电极表面，据此通过电极上的扫描偏压可以测得一条电流-电压(I-V)特征曲线，如图 3.1 所示。

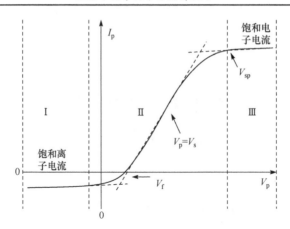

图 3.1　Langmuir 探针的 *I-V* 特征曲线

通过对 *I-V* 特征曲线斜率和变化细节的分析可以得到重要的等离子体参数，如 T_e、n_e、等离子体电位 V_p 等。下面把 *I-V* 特征曲线分为饱和离子电流区(I 区)、过渡区(II 区)和饱和电子电流区(III 区)三个区域进行分析。

在 I 区，$V_p \ll V_{sp}$，由于探针电极附近鞘层的电位差过大，所有电子不能克服排斥场，只有正离子能穿越鞘层区域，此区域内探针收集的正离子电流称为饱和离子电流。在 II 区，$V_p < V_{sp}$，鞘层的电位差随着加载扫描偏压的逐渐增大而减小，平均电子能量超过某一阈值的电子，即处于电子能量分布函数(EEDF)某一区间积分的电子数的电子能克服排斥场到达探针表面形成电流，尽管探针电流 I_p 包括了正离子电流，但相对电子流可以忽略不计。在 III 区，$V_p > V_{sp}$，此区域内，探针电极由于鞘层电位差为正，只能收集电子而排斥正离子，电子流和鞘层电场无关，此时电子流称为饱和电子电流。

对实验测得的 *I-V* 特征曲线的过渡区部分求微分即可得到电子能量分布概率函数(EEPF)。当 EEDF 服从 Maxwellian 分布时，鞘层电场和探针电流 I_p 之间是指数函数关系，对 *I-V* 特征曲线的纵坐标取对数，即 $\ln I_p = f(V_p)$，那么求 V_p 和 $\ln I_p$ 的直线斜率直接可以得到 T_e。通过获取电子饱和电流 I_{e0} 和探针表面积 S 可以直接计算出 n_e：

$$n_e = \frac{3.7 \times 10^8 I_{e0}}{S\sqrt{kT_e}} \tag{3.1}$$

在大部分射频低气压放电中，EEDF 随着气压的降低而偏离 Maxwellian 分布，如双温度 Maxwellian 分布或 Druyvesteyn 分布。对于任意的 EEDF，平面探针在 II 区内收集的电流可表示为

$$I_e = eA \int_{-\infty}^{\infty} dv_x \int_{-\infty}^{\infty} dv_y \int_{v_{min}}^{\infty} dv_z v_z f_e(v) \tag{3.2}$$

其中，v_{min} 为等离子体-鞘层边界上的电子沿 z 方向的最小速度；A 为探针的实际收集面积。对式(3.2)进行球坐标系坐标变换，并在 ϕ 和 φ 方向上积分得到 EEDF $g_e(V)$ 和 I-V 特征曲线的关系式：

$$g_e(V) = \frac{2m_e}{e^2 A} \left(\frac{2eV}{m_e} \right)^{1/2} \frac{d^2 I_e}{dV^2} \tag{3.3}$$

引入电子能量 $\varepsilon = 1/2 m_e v^2 / e$，$n_e$ 和等效 T_e 为

$$n_e = \int_0^{\infty} g_e(\varepsilon) d\varepsilon \tag{3.4}$$

$$T_e = \frac{2}{3} \frac{1}{n_e} \int_0^{\infty} \varepsilon g_e(\varepsilon) d\varepsilon \tag{3.5}$$

Langmuir 探针 n_e 诊断法具有一定的空间分辨能力，但 Langmuir 探针对工作气压条件要求较高，随着气压的升高，当平均电子自由程和鞘层宽度接近时，碰撞过程会对探针诊断产生一定干扰，导致测量结果中产生一定的误差，并且误差随着气压的升高不断增大，因此在高气压放电中，应寻求其他更加准确的诊断方法。

3.2　基于微波干涉空间的电子密度诊断研究

3.2.1　微波干涉诊断法原理

由第 2 章分析可知，低温等离子体的 ω_p 处于微波波段的范围内，微波波段的电磁波在低温等离子体中传播时，会产生幅度衰减和相位移动。微波干涉诊断法通过测量波的相移量计算出等离子体的等效介电常数，进而获得 n_e。微波干涉诊断法中干涉波的传播需要在放电腔上安装一定面积的透波窗口，这限制了该法在常规不锈钢低压腔中的应用，但对于透波腔射频等离子体，其腔室已经包含大面积的透波窗口，有利于微波干涉诊断法的应用。

相关文献中的低温小尺寸等离子体的微波干涉诊断系统如图 3.2 所示，分为透射法和反射法。透射干涉系统一般包含两路微波传输通道，分别是测量通道和参考通道，通过比对两路信号的相位差诊断 n_e，矢量网络分析仪可以取代干涉仪等设备直接对比有无等离子体状态下的相移量 $\Delta\phi$。反射法利用电磁波在等离子体中的双程传输相移量 $\Delta\phi$ 求解 n_e。

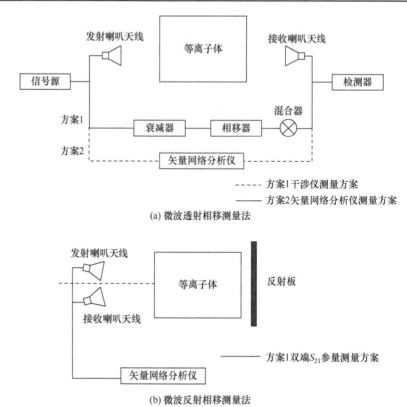

(a) 微波透射相移测量法

(b) 微波反射相移测量法

图 3.2　微波透射和反射干涉系统

受干涉波波长和等离子体尺度的限制，微波干涉诊断法不能直接应用于小尺寸放电的空间 n_e 分布诊断，只能诊断干涉波传播路径上的弦平均 n_e。一般干涉波的频率远大于等离子体频率，气压在 10mTorr～1Torr 的范围内可忽略碰撞作用对 $\Delta\phi$ 的影响，$\Delta\phi$ 可以直接通过式(3.6)求得：

$$\Delta\phi = k_0\left\{\int_0^l\left[1 - \frac{\omega_p^2(x)}{\omega^2}\right]^{1/2}\mathrm{d}x - l\right\} \approx \frac{k_0 e^2}{2\varepsilon_0 m_e \omega}\int_0^l n_e(x)\mathrm{d}x \tag{3.6}$$

相比于光谱/探针法，微波干涉诊断法最明显的优势是非介入、准确度高，劣势是其空间距离分辨率低。下面针对透波腔感性耦合等离子体源的特殊结构，研究联合其他诊断方式提高微波干涉诊断法空间分辨率的策略。

3.2.2　基于流体模型的微波单/双端反射干涉诊断法

当将等离子体源用于衰减飞行器局部散射源的雷达回波时，需要根据具体的应用场景进行放电腔的外形设计，腔体结构的外形曲率变化往往较为特殊，例如，在杜寅昌等[135]的研究中，采用了一种薄层真空夹层腔的 ICP 放电结构模拟了吸波雷达罩，该夹层罩由石英制作而成，上部内外直径分别为 15cm 和 20cm，底部内外直径分别为 25cm 和 30cm，真空夹层的厚度平均只有 2cm，这类采用特殊形状的薄层放电结构，由于结构和真空工艺的限制，无法加装 Langmuir 探针，在文献中利用微波反射相移测量法对夹层腔中等离子体的 n_e 进行了诊断，得到了干涉波探测路径上的弦平均 n_e。

通过波干涉法诊断探测路径上的 n_e 时，必须引入额外的手段获取 n_e 轮廓函数。一种简单的方法是利用扩散方程在稳态条件下的解来近似描述 n_e 的轮廓曲线。对于均匀扩散的粒子源，其稳态扩散方程为泊松方程[136]，即 $-D\nabla^2 n = G_0$，根据感性耦合等离子体的激发方式，其能量的注入区域可以近似为圆柱形。对于一个给定半径 R 的圆柱形等离子体，在方位角对称的坐标系中，扩散方程变为

$$\frac{\mathrm{d}^2 n}{\mathrm{d}r^2} - \frac{1}{r}\frac{\mathrm{d}n}{\mathrm{d}r} + \frac{G_0}{D} = 0 \tag{3.7}$$

其中，D 为扩散系数。

该扩散方程的边界条件为在轴心处有最大值、在 R 处为零，那么该扩散方程的完整解为一条抛物线，即

$$n_e = \frac{G_0 R^2}{4D}\left(1 - \frac{r^2}{R^2}\right) \tag{3.8}$$

把放电气体局限在电正性气体中，在圆柱坐标系中，扩散方程变为式(3.9)，在轴向均匀的情况下，扩散方程的解为零阶贝塞尔函数，其中 $\chi_{01} \approx 2.405$，$n_{e\text{-max}}$ 是 n_e 的峰值：

$$\frac{\mathrm{d}^2 n}{\mathrm{d}r^2} - \frac{1}{r}\frac{\mathrm{d}n}{\mathrm{d}r} + \frac{\mathrm{d}^2 n}{\mathrm{d}z^2} + \frac{v_{iz}}{D} n_e = 0 \tag{3.9}$$

$$n_e = n_{e\text{-max}} \mathrm{J}_0 \sqrt{\chi_{01}\frac{r}{R}} \tag{3.10}$$

其中，v_{iz} 为电离频率。

Andrasch 等的研究中利用圆柱形离子源的扩散方程解作为 ICP 的径向 n_e 轮廓函数，采用单端反射干涉法测量了双程相移量 $\Delta\phi$，$n_e(l)$ 和 $\Delta\phi$ 的关系为[137]

$$n_e(l) = \frac{n_c \lambda \Delta\phi}{2\pi \int_{l_1}^{l_2} f(l)\mathrm{d}l} \tag{3.11}$$

$$n_{c} = \left(\frac{2\pi c}{\lambda}\right)^{2} \frac{\varepsilon_{0} m_{e}}{e^{2}} \tag{3.12}$$

其中，n_{c} 是等离子体截止密度；λ 是干涉波的波长。

尽管上述方法在一定程度上解决了波干涉法对 n_{e} 空间分布的诊断，但求解不同条件下的扩散方程非常困难，固定的 n_{e} 轮廓函数不能反映外部放电条件对该分布的影响。

当前，低温等离子体的数值模拟方法发展较为迅速，已经有文献通过粒子网格-蒙特卡罗(particle in cell/Monte Carlo，PIC/MC)法、流体力学建模以及混合建模等方法对感性耦合等离子体源进行了数值模拟[138]，详细分析见4.3.1 节。大量的数值仿真结果表明，在给定准确的 EEDF、反应速率、扩散系数的前提下，流体模型可以精确地计算出 n_{e} 分布随外部放电条件的变化，但由于在数值模拟中常常忽略次要因素和功率损失，数值模拟结果高于实验测量值。据此，本书将数值模拟和波干涉法进行结合，针对两种透波腔平板感性耦合等离子体放电源的腔体结构，研究了基于流体模型的微波单/双端反射干涉诊断法。

基于流体模型的微波单/双端反射干涉诊断法流程和原理如图 3.3 所示。根据感性放电系统中的天线和腔体的几何结构建立相应的流体模型，对 n_{e} 的二维分布进行求解，详见本书 4.3 节等，并采集相应波干涉路径上的 n_{e} 轮廓曲线，对轮廓曲线进行离散化，离散区间的个数为 N，区间的宽度为 $\Delta l = l/N$，通过对比离散区间 i 的电子密度 $n_{e\text{-}i}$ 和数值模拟结果中的 $n_{e\text{-max}}$ 得到离散系数 $\alpha_{i} = n_{e\text{-}i}/n_{e\text{-max}}$，根据式(3.14)可以直接求解 $n_{e\text{-max}}$，进而获得在波干涉路径上的 n_{e} 分布：

$$\Delta\phi = \frac{k_{0} e^{2}}{2\varepsilon_{0} m_{e} \omega^{2}} \sum_{i=0}^{N} \alpha_{i} \cdot n_{e\text{-max}} \cdot \Delta l \tag{3.13}$$

$$n_{e\text{-max}} = \frac{2\varepsilon_{0} m_{e} \omega^{2} \Delta\phi}{k_{0} e^{2} \Delta l} \left(\sum_{i=0}^{N} \alpha_{i}\right)^{-1} \tag{3.14}$$

本书主要研究两种典型透波腔 ICP 源，第一种为金属壁面腔，第二种为薄层全石英腔，详见 4.1.2 节，针对两种典型结构，基于流体模型的微波单/双端反射干涉诊断系统分别如图 3.4 所示，干涉波频率在 12～26GHz。在金属壁面腔体中轴距远大于干涉波波长，腔体轴距和半径接近，在利用双端天线测量反射相移量时，干涉波会在金属壁面产生多次反射，测量的相移变化量 $\Delta\phi$ 中也包含多次壁面反射和传播距离变化对相移的影响，因此该结构不

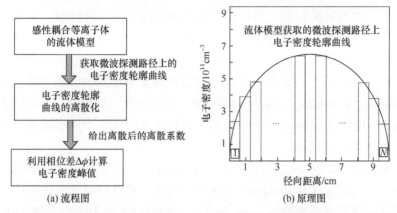

(a) 流程图 (b) 原理图

图 3.3 基于流体模型的微波单/双端反射干涉诊断法流程和原理图

适合使用杜寅昌等提出的双端口 S_{12} 测量方案，而采用单端散射参量测量方案，由透镜天线直接对 S_{11} 参数进行测量得到相移量，通过式(3.14)求解出在干涉波传输路径上的 n_e 分布。

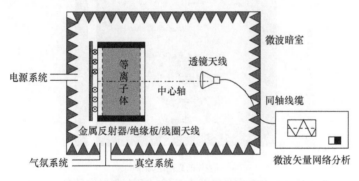

(a) 基于流体模型的微波单端反射干涉诊断法

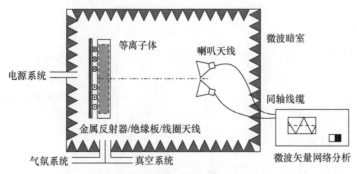

(b) 基于流体模型的微波双端反射干涉诊断法

图 3.4 基于流体模型的微波单/双端反射干涉诊断法实验装置图

全石英腔的轴距较短，腔体轴距和干涉波波长的尺寸接近，干涉波在等离子体中产生的传输相移较小。参考文献[139]中的方案，采用双端口标准增益喇叭天线 S_{12} 测量方案，该方案可以更加精确地测量薄层等离子体的相移量。需要注意的是，在放电中等离子体会出现显著不均匀分布现象，在利用微波诊断法时需要移动天线的中心轴位置，使相移量达到最大。下面以金属腔低气压 Ar-ICP 在轴向 n_e 的诊断为例，分析基于流体模型的微波单端反射干涉诊断法结果的准确性。

图 3.5 是流体模型获取的 ICP 在二维截面上的 n_e 分布和对应的单端干涉波传输路径。气压条件为 10mTorr，功率为 700W，通过对微波传输路径上 n_e 轮廓的采样，得到离散系数 $\alpha_i = n_{e-i}/n_{e-max}$，离散区间 N 的个数分别选择为 15 和 31，根据实验测得的 18GHz 干涉波的相移量$\Delta\phi$=32.8°计算出 n_{e-max}，最后得到 n_e 的轮廓曲线如图 3.6 所示。对比 N=15,31 的曲线发现离散区间数越多，

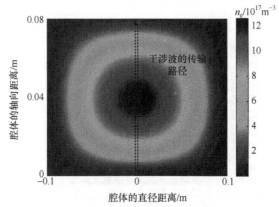

图 3.5　流体模型获取的 ICP 在二维截面上的 n_e 分布和对应的单端干涉波传输路径

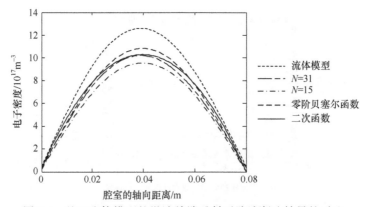

图 3.6　基于流体模型的微波单端反射干涉诊断法结果的对比

求解得到的 $n_{\text{e-max}}$ 越大, 通过在边界条件(腔壁的 n_e 为零)和相移量可以求解出 n_e 从二次函数和零阶贝塞尔函数的诊断曲线, 对比发现当 N 取值大于 30 时, 三者的 n_e 轮廓曲线较为接近; 当 N 较小时, 在离散过程中会产生一定误差, 和 Langmuir 探针诊断结果的对比详见 4.4.1 节。

3.3　电子激发温度发射光谱诊断法

等离子体光谱诊断法主要包括等离子体发射光谱、吸收光谱和激光诱导荧光光谱等方法, 原子发射光谱法通过光谱强度和谱线轮廓细节变化诊断 n_e、T_e, 离子密度 n_i、T_i 和电磁场分布等重要数据。相对于其他诊断手段, 光谱诊断是非介入式的诊断技术, 它具有操作方便、设备简单、无干扰的优点, 对不同尺寸、均匀或非均匀等离子体等都可进行诊断。针对石英腔中无法安装 Langmuir 探针的问题, 本节采用发射光谱谱线强度法对表观电子激发温度 T_{exc} 进行诊断。

处于局域热力学平衡的等离子体中电子和各类重粒子(中性粒子、离子)之间通过活跃的碰撞过程达到温度平衡, $T_e = T_i = T_{\text{exc}}$, 此时通过谱线强度法所测得的 T_{exc} 可认为是 T_e。但是当等离子体处于热力学非平衡态时, 由于粒子之间的热交换不足, T_e 和 T_{exc} 之间没有达到平衡, 并且重粒子按内部电子能级的分布不一定满足 Boltzmann 分布, 不存在统一的 T_{exc}, 测量得到的 T_{exc} 称为表观电子激发温度, 如图 3.7 所示, 当 n_e 低于 10^{21}m^{-3} 时, 等离子体偏离局部热平衡态, 此时等离子体中的 T_e、T_{exc}、T_i 和气体温度 T_g 存在较大差异,

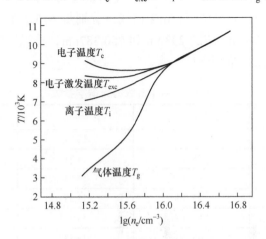

图 3.7　Ar-H$_2$ 放电中各种等离子体温度之间的关系

赵文华等研究了热力学非平衡态下氢等离子体的 T_e 诊断问题，分析表明谱线强度法所测得的表观激发温度与 T_e 不存在线性的对应关系，n_e 较低是造成两者间差异的主要原因[140]。

ICP 放电 n_e 范围远小于 10^{21}m^{-3}，偏离局部热平衡态，本节采用发射谱线斜率法对表观电子激发温度 T_{exc} 进行诊断测量，假设等离子体内重粒子内部电子能态满足 Boltzmann 分布，T_{exc} 和同一原子的两条不同谱线的激发光谱线强度比的关系有[141]

$$\ln\left(\frac{I_i \lambda_i A_j g_j}{I_j \lambda_j A_i g_i}\right) = -\frac{\varepsilon_i - \varepsilon_j}{k_B T_{exc}} \tag{3.15}$$

其中，k_B 为 Boltzmann 常量；$g_i(g_j)$、$\varepsilon_i(\varepsilon_j)$、$A_i(A_j)$、$\lambda_i(\lambda_j)$ 分别为激发态的统计权重、激发态 $i(j)$ 的能级、跃迁概率、发射谱线波长。代入两条谱线的相应参数，可计算求得 T_{exc}，通过多条谱线的拟合可以提高测量精度，T_{exc} 可通过式(3.16)计算得到：

$$\ln\frac{I\lambda}{gA} = -\frac{\varepsilon_p}{k_B T_{exc}} + C \tag{3.16}$$

式(3.16)是 $(\ln(I\lambda/(gA))$，$\varepsilon_p)$ 的直线方程，T_{exc} 可以通过求解直线斜率得到，用此方法测定 T_{exc} 的误差主要是由跃迁概率 $A_i(A_j)$ 值的不准确性所引起的，所以在实际应用中：①要查到可靠的跃迁数据；②谱线应尽可能靠近，以减少检测系统的误差；③上下能级激发能之差要足够大以便提高 T_{exc} 的测量精度。为了提高测量精度，在诊断中使用跃迁数据较为可靠的 Ar 作为测量气体，从光谱中选择了 6 条 Ar I 谱线，分别是 675.284nm、687.129nm、703.025nm、714.704nm、727.293nm 和 750.387nm，计算所需的 Ar I 谱线的光谱学参数如表 3.1 所示[142]。

表 3.1 Ar I 谱线的光谱学参数

λ/nm	A/s^{-1}	ε/eV	g
675.284	1.93×10^6	14.74	5
687.129	2.78×10^6	14.71	3
703.025	2.67×10^6	14.84	5
714.704	6.25×10^5	13.28	3
727.293	1.83×10^6	13.33	3
750.387	4.45×10^7	13.48	1

3.4　本 章 小 结

本章主要研究了透波腔等离子体中 n_e、T_e 的空间诊断方法，为后续开展透波腔感性耦合等离子体放电研究提供诊断支持。首先分析了 Langmuir 探针的诊断理论，针对偏离 Maxwellian 分布和 Maxwellian 分布两种典型情况给出了 n_e、T_e 的测量原理；其次针对透波腔等离子体的特殊结构，将等离子体流体力学模拟和微波干涉诊断法进行了结合，提出了基于流体模型的微波单/双端反射干涉诊断法，给出了诊断方法的流程图，对比结果显示该方法直接通过流体模型提取在干涉波路径上的 n_e 轮廓函数，能更准确地描述不同放电条件下 n_e 分布的变化；最后分析了非平衡态下表观 T_{exc} 的发射光谱诊断法。

第4章 低气压透波腔感性耦合等离子体放电研究

实现等离子体降低飞行器强散射源散射回波的关键之一是放电源的选择和设计，平面型 ICP 源具有结构简单、电子密度高、放电面积大等显著优点，应用潜力较大。和工业领域常用的 ICP 腔室结构不同，当 ICP 源用于衰减雷达回波时，必须根据应用场景考虑腔体几何尺寸的设计和腔壁材料的透波问题，腔体结构和材料的改变会对 ICP 源的放电特性、参数分布产生影响。例如，在采用薄层腔结构时，低气压下趋肤深度接近腔体的厚度，会改变双极性电势的空间分布，而当采用纯石英材料制作低压腔时，由于缺少大面积接地金属，等离子体会被钳制在较高的电位。

当前鲜有研究涉及平面型 ICP 源与入射波相互作用的问题，本章设计并开展透波腔 ICP 源的放电实验，对其特性参数 n_e、T_e 的空间分布进行诊断，并建立相应的流体力学模型，对其放电时空演化过程进行分析，为下一步研究感性耦合等离子体电磁散射参量提供依据。

4.1 透波腔感性耦合等离子体源的原理和实验系统

4.1.1 平面型感性耦合等离子体放电原理

1. 线圈天线的射频电磁场分布

平面型 ICP 源是一个典型的轴对称系统，平面型线圈天线的电磁场分布关于平面对称，射频电源通过天线将能量透过介质窗耦合进等离子体区域，一个简单的透波腔 ICP 源的结构如图 4.1 所示。其中射频磁场的磁力线环绕着线圈分布，图中区域内的射频电场和磁场可分为径向、角向和轴向三个方向上的分量，即 E_z、E_r、H_θ 和 H_z、H_r、E_θ，其中，E_z、E_r、H_θ 激发 E 放电模式(容性模式)，H_z、H_r、E_θ 激发 H 放电模式(感性模式)，E-H 放电模式转换问题在后面详细分析。

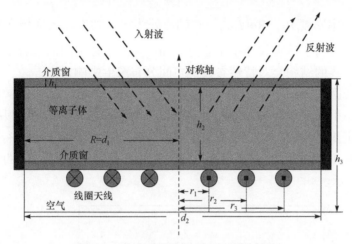

图 4.1　透波腔的平面型 ICP 源的结构

在感性模式中，假设线圈上方的低气压腔内已经通过容性起辉的方式产生一定电子密度的等离子体，根据法拉第电磁感应定律，等离子体中会诱导出一个角向的电场分量 $\tilde{E}_\theta$，并由此产生一个和线圈电流相反的单匝等离子体电流。在图 4.1 中空气、感性线圈天线、介质窗和等离子体区域的电磁场可以通过 Maxwell 方程计算获得

$$\begin{cases} \nabla \times E = \mathrm{j}\omega B \\ \nabla \times B = \mu_0 J - \mathrm{j}\omega\varepsilon\mu_0 E \\ \nabla \cdot E = 0 \end{cases} \tag{4.1}$$

$$\begin{cases} J = J_{\mathrm{Coil}} + J_{\mathrm{Plasma}} \\ J_{\mathrm{Coil}} = \sum_{k=1}^{M} I_{\mathrm{RF}} \delta(r - r_k) I_\theta \\ J_{\mathrm{Plasma}} = \dfrac{e^2 n_{\mathrm{e}}}{m_{\mathrm{e}}(\nu_{\mathrm{m}} - \mathrm{j}\omega)} E \end{cases} \tag{4.2}$$

式(4.2)表示总的传导电流 J 由线圈电流 J_{Coil} 和 ICP 中极化电流 J_{Plasma} 组成，其中 J_{Coil} 通过计算 M 匝线圈电流得到；I_{RF} 为线圈电流；r_k 为第 k 匝线圈与对称轴的距离；I_θ 为角向单位矢量；J_{Plasma} 由欧姆定律计算获得，空间中的磁场是多匝线圈电流 J_{Coil} 与"单匝"感应电流 J_{Plasma} 产生磁场的总和。

在等离子体中，接近轴心处主要的磁场分量为 $\tilde{H}_z$，远离轴心处为 $\tilde{H}_r$。由法拉第电磁感应定律，$\tilde{E}_\theta, \tilde{J}_\theta \propto r$，这意味着在接近轴心处，$\tilde{E}_\theta$、$\tilde{J}_\theta$ 为零，

而且吸收功率密度 $P_{abs}=\mathrm{Re}\left(\tilde{E}_\theta \tilde{J}_\theta^*\right)$ 在轴心处为零，功率注入区域在空间上呈环状分布，等离子体吸收功率是通过线圈与等离子体之间的耦合来实现的，因此线圈天线的结构会对特性参数的空间分布产生影响。

ICP 线圈天线的主要参数包括线圈匝数、均匀度和线圈位置，基本设计原则是在不引入或较少引入 RCS 的前提下，兼顾能量耦合效率。根据法拉第电磁感应定律对不同参数下平面型线圈的射频磁感应强度 $B_r(z)$ 进行计算，结果如图 4.2(a)～(e)所示。在数值计算中，放电功率为 300W，对应的线圈参数如表 4.1 所示。

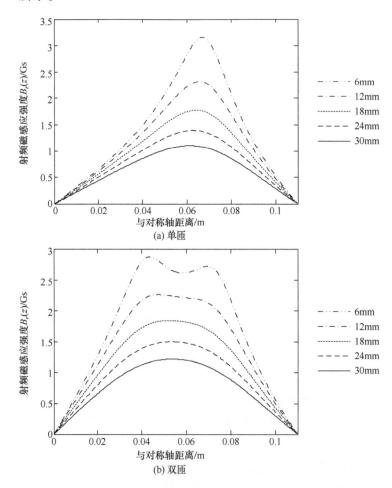

(a) 单匝

(b) 双匝

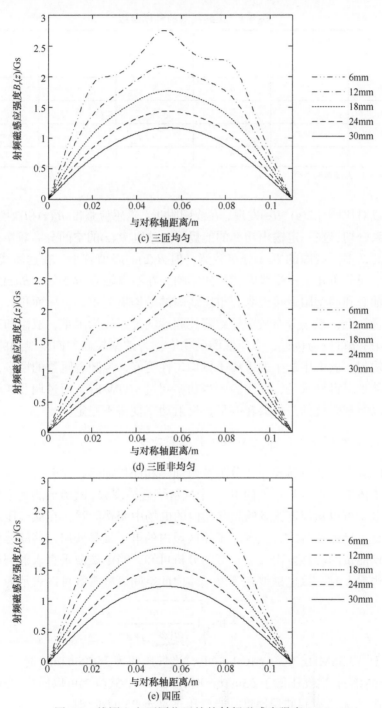

(c) 三匝均匀

(d) 三匝非均匀

(e) 四匝

图 4.2　线圈上方不同位置处的射频磁感应强度 $B_r(z)$

表 4.1　天线线圈的具体参数

图 4.2	线圈匝数 N	R_1/cm	R_2/cm	R_3/cm	R_4/cm
(a)	1	7	—	—	—
(b)	2	4	8	—	—
(c)	3	2	5	8	—
(d)	3	2	6	8	—
(e)	4	2	4	6	8

注：$R_1 \sim R_4$ 为线圈的半径。

通过对比图 4.2(a)～(e)发现，在线圈附近，磁感应强度 $B_r(z)$ 和线圈结构、匝数关系密切，在一定输出功率的前提下，单匝 $B_r(z)$ 的空间分布较窄，$B_r(z)$ 峰值较高，多匝线圈的 $B_r(z)$ 分布较宽，但 $B_r(z)$ 的峰值较小，在远离线圈处，$B_r(z)$ 的空间分布几乎不受线圈特征的影响，在距离轴心 $R/2$ 处，$B_r(z)$ 达到最大，在轴心和墙壁附近接近零。单匝线圈的结构更简单，金属面积较小，但其电感量较低，磁场分布较窄导致容性起辉的过程较为困难，双匝和三匝线圈的 $B_r(z)$ 分布较为接近，多匝线圈的功率耦合效率较高，四匝线圈的 $B_r(z)$ 分布最均匀，放电中产生的等离子体均匀性更好，但随着匝数的增多，线圈谐振条件难以得到满足，在实验中当功率超过 700W 时，通过调节匹配器的电容难以实现阻抗的最佳共轭匹配，反射功率变得不稳定。

2. 功率吸收模式和容性-感性工作模式跳变

ICP 放电中能量转移模式分为欧姆加热和随机加热，在较高气压下，由于等离子体中存在较为强烈的电子-中性粒子碰撞现象，欧姆加热是主导加热方式，电子可以从厚度为 δ 的趋肤层内的电场中获得能量；在低气压下，随机加热是主导加热方式，主等离子体区域内的电子被趋肤层振荡的感应电场加速实现能量的转移。由 2.2.1 节的分析可知，当电磁波垂直入射到均匀等离子体边界上时，该电磁波在等离子体内的空间衰减常数可以表示为

$$\alpha = -\frac{\omega}{c} \mathrm{Im} \sqrt{1 - \frac{\omega_{\mathrm{p}}^2}{\omega(\omega - \mathrm{j}\nu_{\mathrm{m}})}} \tag{4.3}$$

对于 13.56MHz 的 Ar-ICP 放电，当气压约等于 25mTorr 时，ν_{m} 接近 $2\pi \times 13.56$MHz；当气压低于 25mTorr 时，$\nu_{\mathrm{m}} < \omega$，式(4.3)可以简化为式(4.4)，其中，$\delta_{\mathrm{p}}$ 为无碰撞趋肤层厚度；当气压远高于 25mTorr 时，$\nu_{\mathrm{m}} > \omega$，式(4.3)

可以简化为式(4.5)，其中，δ_c 为碰撞趋肤层深度：

$$\begin{cases} \alpha = -\dfrac{\omega_p}{c} \equiv \dfrac{1}{\delta_p} \\[3mm] \delta_p = \sqrt{\dfrac{m}{e^2 \mu_0 n_e}} \end{cases} \tag{4.4}$$

$$\begin{cases} \alpha = -\dfrac{1}{\sqrt{2}} \dfrac{\omega_p}{c} \left(\dfrac{\omega}{v_m} \right) \equiv \dfrac{1}{\delta_c} \\[3mm] \delta_c = \delta_p \sqrt{\dfrac{2 v_m}{\omega}} \end{cases} \tag{4.5}$$

假设射频电源为单频连续谐振波，其引起电子随电场单频谐振运动的方程为[143]

$$\begin{cases} \dfrac{m_e \, du_\theta(t)}{dt} = -e \cdot E_\theta(t) \\[3mm] \tilde{u}_\theta(t) = \operatorname{Re}\left(\tilde{u}(r,z) \cdot e^{j\omega t} \right) \end{cases} \tag{4.6}$$

$$\begin{cases} \bar{P}_{ohm} = \dfrac{1}{2} \operatorname{Re}\left(\tilde{J}_\theta \times \tilde{E}_\theta \right) \approx \dfrac{1}{2} \tilde{J}_\theta^2 \displaystyle\int_{-l/2+s_m}^{l/2+s_m} \dfrac{n_e v_m}{e^2 n_e(x)} dx \\[4mm] \tilde{J}_\theta = \dfrac{\varepsilon_0 \omega_{pe}^2 \tilde{E}_\theta}{j \omega_{RF}} \end{cases} \tag{4.7}$$

对于 ICP，δ_p 远小于线圈天线的半径，且 n_e 是沿径向或轴向不均匀的，单位面积上的平均欧姆加热功率可以用式(4.7)表示，不考虑电子碰撞只在静电力作用下，$\tilde{J}_\theta$ 相对于 $\tilde{E}_\theta$ 存在 90°滞后，使得 $\bar{P}_{ohm} = 0$。当存在碰撞时，电子与其他粒子碰撞产生的相位突变是产生欧姆加热过程的本质。

随机加热是由电子和一个振荡的高压鞘层碰撞而产生的，鞘层的运动速度和电子碰撞前后的速度有一个简单的关系，即式(4.8)，据此，在整个电子入射速度区间对转移功率积分得到式(4.9)。

$$v_{er} = v_{ei} - v_s \tag{4.8}$$

$$P_{stoc} = -2 m_e \int_{v_s}^{\infty} v_s (v - v_s)^2 f_s(v,t) dv \tag{4.9}$$

其中，P_{stoc} 为随机加热功率；v_{ei} 和 v_{er} 是电子的入射速度和反射速度；v_s 是平行于电子运动方向的鞘层速度；$f_s(v,t)$ 是平行于鞘层速度方向的电子速度的分布函数，如果忽略等离子体的射频振荡速度 v_s，$f_s(v,t)$ 可近似看成 Maxwellian

分布，那么在均匀密度的等离子体中有

$$\overline{P}_{\mathrm{stoc}}=2m_{\mathrm{e}}v_{\mathrm{s0}}^{2}\int_{0}^{\infty}vf_{\mathrm{s}}(v)\mathrm{d}t=\frac{1}{2}m_{\mathrm{e}}v_{\mathrm{s0}}^{2}n_{\mathrm{e}}\overline{v}_{\mathrm{e}} \tag{4.10}$$

其中，v_{s0}是鞘层速度的幅值；$\overline{v}_{\mathrm{e}}$是电子速度的平均值。

ICP 源的放电过程存在模式跳变现象，在低功率中工作在容性模式(E 模式)，E 模式下 n_{e} 较低，一般在 $10^{9}\mathrm{cm}^{-3}$ 量级，对应的等离子体频率为 0.2GHz 频段，小于常规探测雷达工作频段，射频电磁波可以穿透等离子体，此时趋肤层深度远大于腔体半径和高度，放电主要由线圈高低压两端容性电场驱动；随着功率的增大，放电模式转换至感性模式(H 模式)，n_{e} 跳变式增大，射频电磁波不能穿过等离子体区域，此时趋肤层深度小于腔体半径和高度，放电由线圈天线在等离子体中诱导出的环向电场来激励，本书研究用于吸收雷达波的 ICP 源，关注点集中在高密度的感性模式(H 模式)。

4.1.2 透波腔感性耦合等离子体源的实验设计

1. 透波腔与平面型线圈天线

当 ICP 源应用于飞行器强散射源的回波衰减时，在设计低压腔时需要考虑以下问题：①腔室满足必要的结构强度和密封性，保证腔体内低压环境的要求；②腔壁材料须采用高透波材料，如天线罩中采用的全透波材料($\mu_{\mathrm{r}}=1$、$\varepsilon_{\mathrm{r}}=1$)；③腔体需要达到一定面积才能实现对目标区域的覆盖遮挡。除此之外，在本书的研究中还需考虑诊断装置的安装问题。

根据上述要求，实验中设计了两种透波腔 ICP 源，一种是由石英玻璃整体熔接制作而成(简称石英腔)，石英壁厚度为 0.7cm，满足气密性要求，几何形状为矩形，底面用于耦合射频功率源的能量，顶面用于透射电磁波。为了研究不同厚度等离子体对波的传输衰减，腔室几何尺寸分为 20cm×20cm×2cm、24cm×24cm×4cm，如图 4.3 所示，在左右壁面对称安装直径为 15.8mm 的高硼硅玻璃管连接真空和工质气体系统。

石英腔的优势是不含有金属材料，不会对雷达波的传播造成额外的反射，同时石英材料在放电中不会引入杂质，不干扰参数诊断分析，并且薄层/夹层式的透波腔更适合安装在飞机表面、进气道等部位，有利于推进等离子体隐身工程的实现；劣势是等离子体无法和大面积的接地金属接触，会增大 ICP 的直流电位，另外由于薄层石英腔加工工艺和构型的限制，石英腔上暂无法加装 Langmuir 探针接口装置。

(a) 正面图

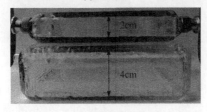

(b) 侧面图

图 4.3　石英材料一体熔接矩形透波腔

由 2.3.4 节研究可知，厚度的增加可以有效提高 ICP 对电磁波的衰减效果，当 ICP 用于大体积强散射源时，如雷达舱等，可以充分利用舱体体积产生较大厚度的等离子体，实现等离子体隐身效果的优化。对此，本节设计制作了一种金属壁面 ICP 腔(简称不锈钢腔)，将腔体厚度扩大到 8cm，4cm 作为对比，如图 4.4 所示，z-r 截面图如图 4.5 所示。不锈钢腔采用金属圆柱腔壁镶嵌石英窗工艺制作，腔体的几何形状为圆柱体，石英窗厚度为 1cm，直径为

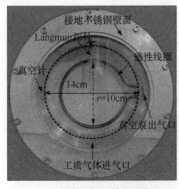

(a) 不锈钢腔ICP放电系统

(b) 厚度规格为4cm和8cm的两种腔体

图 4.4　不锈钢 ICP 柱形透波腔

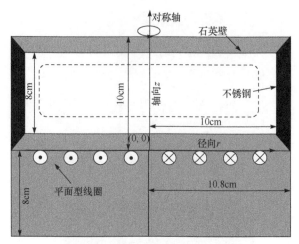

图 4.5　不锈钢腔体的 *z-r* 截面图

20cm，这类近耦合结构的金属腔是半导体工业中常采用的结构[144]，金属腔可以解决 Langmuir 探针等装置的安装问题，实现对 n_e 分布的高空间分辨率诊断，同时良好的接地接触可以降低 ICP 的直流电位。在金属腔壁对称安装 4 个直径为 25mm 的不锈钢标准接口，用于连接真空、工质气体和 Langmuir 探针诊断系统。

平面型线圈天线采用外径为 8mm、内径为 6mm 的空心铜管绕制而成，铜管连接自动循环水冷系统，保证等离子体源稳定工作。平面型线圈天线的规格分为四种，分别匹配不同尺寸的放电腔室，如表 4.2 所示，部分实物图如图 4.6 所示。

表 4.2　实验中采用的平面型线圈天线

编号	线圈匝数	最大直径/cm	最小直径/cm
(a)	1	15	15
(b)	3	18	8
(c)	3	28	10
(d)	4	18	4

图 4.6　平面型线圈实物图

2. 射频电源与真空气氛系统

ICP 的电源系统一般由射频电源、射频匹配网络、射频天线三个基本部分组成，在材料处理领域，为了降低容性分量，提高粒子轰击速度或方便调节磁感应强度等功能，ICP 装置一般还包括法拉第屏蔽板、射频偏压和罗氏线圈等。为了降低系统复杂性，在实验中只采用基本的电源系统。

射频功率源采用 RSG-1000 型，其主要参数包括：输出额定功率 1000W (50Ω)，工作频率 13.56(1±0.005%)MHz，二次谐波输出 <−40dB，寄生调制 <1%，在功率源和负载之间采取自动射频阻抗匹配器以调节前向功率和反射功率。自动匹配器采用 PSG-IIA 型，主要参数包括：反射功率(最大正向功率输出时)⩽5W，输入阻抗 50Ω。电源系统的连接图如图 4.7 所示，射频电源通过射频电缆线输出至射频匹配器中，匹配器和线圈天线通过铜板传输线连接，图中虚线表示线圈置于腔室下方。

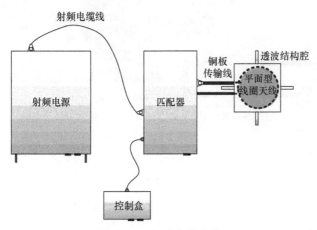

图 4.7　ICP 的电源系统

真空气氛系统由五部分组成，分别是工质气体、气体质量流量计、薄膜/电阻真空计、真空球阀和真空泵，真空泵对放电腔室气压的可控范围为 1Pa 至大气压，气体质量流量计用于混合气体中氩气/氧气流量的控制，薄膜/电阻真空计气压检测范围为 0.01~10000Pa，根据两类腔体结构，真空气氛系统分为两种方案：①针对石英腔，放电腔室的两个接口分别连接气氛系统和真空泵，薄膜/电阻真空计与气氛系统之间的气路开关由真空球阀控制，真空球阀关闭后，腔体可以长时间保持气压不变，如图 4.8(a)所示；②针对不锈钢室，放电腔室的四个接口分别连接气氛系统、真空泵、薄膜/电阻真空计和

Langmuir 探针，如图 4.8(b)所示。

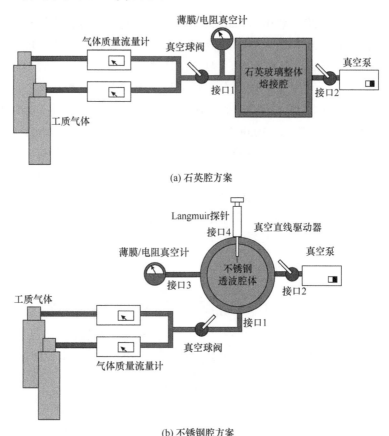

(a) 石英腔方案

(b) 不锈钢腔方案

图 4.8　真空气氛系统连接示意图

3. 等离子体参数诊断系统

等离子体发射光谱数据的采集利用 AvaSpec 公司的高分辨率光纤光谱仪完成，同步测量波长范围为 200～1100nm 的所有谱线强度，该设备的主要参数包括：光学平台采用超低杂散光型 Czerny-Turner 对称式光路，焦距为 75mm，波长范围为 200～1100nm，光学分辨率为 0.05～20nm。实验装置连接图如图 4.9 所示，将光纤探头伸入陶瓷电磁屏蔽管后固定在光谱采集点(采光点)，为降低射频放电对光谱仪的干扰，陶瓷电磁屏蔽管外部包裹电磁屏蔽网，光纤探头垂直对准等离子体光信号，在暗箱环境中进行采集；为提高发射光谱采集数据空间分辨的准确性，采用非金属遮光板，实现等离子体发射光谱的定点采集过程。

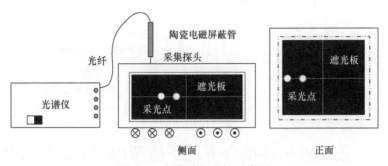

图 4.9　光谱采集坐标示意图

微波干涉诊断系统由微波暗箱、同轴电缆、微波矢量网络分析仪、喇叭天线等组成，如图 4.10 所示，实验中采用安立公司 MS4644B 型微波矢量网络分析仪，其主要参数为：频率范围为 10MHz～40GHz，脉冲最小分辨率为 2.5ns，对应的空间最小分辨率为 0.75m，三组标准增益喇叭天线频率分别覆盖 2～4GHz、4～8GHz、8～18GHz，两组透镜喇叭天线，频率分别覆盖 12～18GHz、18～26GHz。采用透射干涉法诊断石英腔的径向 n_e，设备连接图如图 4.10 所示，其他两种波干涉诊断方案见 3.2.1 节。

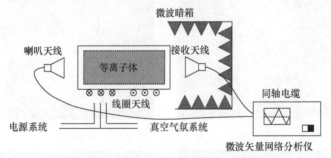

图 4.10　微波干涉透射法诊断示意图

Langmuir 探针诊断系统采用大连理工大学常州研究院生产的 MMLAB-prob 型单探针，设备结构如图 4.11 所示，其主要的设备参数为：等离子体密度测量范围为 10^6～10^{13}cm^{-3}，射频补偿电路的频率为 13.56MHz，为了便于测量轴向的 n_e，采用弯曲型陶瓷套管，由于腔体和 Langmuir 探针的接口为标准 CF35 法兰，受安装限制，弯曲陶瓷套管只能在距离对称轴 0.5cm、1cm、1.5cm 的位置上测量 n_e。

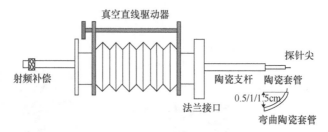

图 4.11　Langmuir 探针的装置图

4.2　透波腔感性耦合等离子体源的实验结果分析

本节首先对典型放电条件[145]下 ICP 的放电特性进行研究，放电条件为金属腔(厚度 8cm)、低气压(10mTorr)、工质气体为电正性气体 Ar。放电现象如图 4.12 所示，线圈匝数为 4，其放电过程分为两个典型阶段。第一阶段为 E 模式放电，当功率增加至 50W 时，腔室内开始起辉，如图 4.12(a)和(b)所示，当电源功率达到 100W 时，可以观察到稀薄的等离子体产生，近似均匀

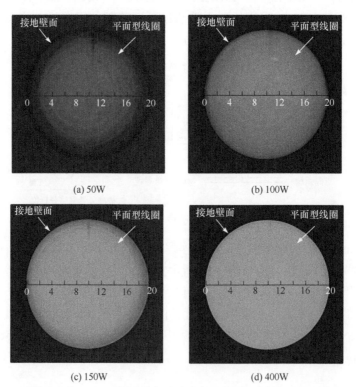

图 4.12　低气压下 Ar-ICP 放电形态随功率的变化(10mTorr，尺寸单位为 cm)

地充满整个腔体。第二阶段为 H 模式放电，如图 4.12(c)和(d)所示，当射频功率增加至 150W 时，等离子体亮度出现跳变式增强，此时放电由线圈的感应电场驱动。

首先通过 Langmuir 探针对轴向和径向的一维 n_e 分布进行诊断，探针的空间位置通过真空直线驱动器控制，间距为 2cm，当等离子体源进入稳定的 H 模式工作状态后，进行数据的采集。

在 10mTorr 条件下，电子的平均自由程 $\lambda_e \approx 3cm$，电子的扩散不受气相碰撞的限制，单匝和四匝线圈的径向 n_e 分布如图 4.13(a)和(b)所示。诊断路径为 $z=0.04m$，四匝线圈在 700W 时 n_e 峰值达到 $7.6 \times 10^{17} m^{-3}$，在 300W 时达到 $4.3 \times 10^{17} m^{-3}$，尽管环向加热电场的强度峰值处于偏离轴心的 $r=R/2$ 处，即 $r \approx 0.05m$ 的位置上，但 n_e 的峰值区在腔体中心位置($r=0m$，$z=0.04m$)，远离平面线圈附近，并且随着径向距离的增大，n_e 呈减小趋势，这是由于等离子体中的直流双极性电势分布与电场强度不同，电势在腔体中心区域达到最大并形

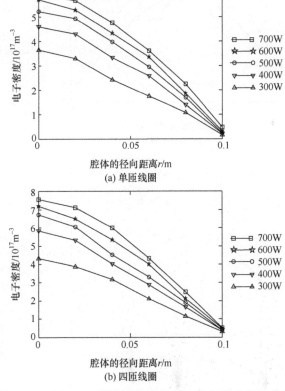

图 4.13　Langmuir 探针诊断的径向 n_e 分布随功率的变化

成了一个束缚电子的势阱[146]，可以约束总能量小于器壁电位值的电子，即大量的低能电子被束缚在主等离子体区域内，造成了 n_e 的峰值区远离加热电场强度峰值区。

当功率由 300W 上升至 400W 时，n_e 增加的幅度最大，分析原因认为在容性到感性工作模式的跳变过程中，功率越低容性分量在总耦合功率中占比越大，在 300W 上升至 400W 的过程中，n_e 增加导致容性分量降低，提高了总的功率耦合效率。对比可知，四匝线圈的 n_e 明显高于单匝线圈，单匝线圈在 700W 条件下 n_e 只有 $5.9 \times 10^{17} \mathrm{m}^{-3}$。

采取 3.2.2 节基于流体模型的微波单端反射干涉诊断法(干涉频率18GHz)和 4.1.2 节中弯曲陶瓷套管 Langmuir 探针对轴向 n_e 进行诊断，结果如图 4.14

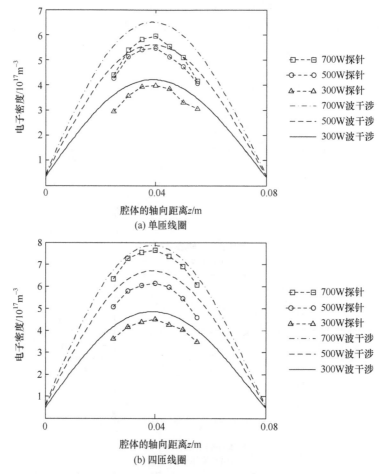

图 4.14　探针诊断法和微波干涉诊断法的轴向一维 n_e 分布对比

所示。轴向 n_e 的分布也存在较大的空间梯度，在四匝、700W 时波干涉诊断结果显示 n_e 峰值达到 $7.9×10^{17}m^{-3}$，在 300W 时 n_e 峰值达到 $4.75×10^{17}m^{-3}$，干涉结果高于探针结果。在许多文献中都研究了波干涉和探针诊断方法的差异，一般来说微波干涉诊断法更加准确。

探针结果反映出靠近天线一侧(0m < z < 0.04m)的 n_e 略大于远离天线的一侧(0.04m < z < 0.08m)，这是由于电子在靠近天线一侧的加热场区内获得能量。轴向密度分布的边界条件为绝缘的石英壁面，可以忽略电子的壁面损失，石英窗附近的 n_e 高于金属壁面。四匝线圈 ICP 的 n_e 高于单匝，分析原因认为功率耦合效率会随着初级线圈电感量的增大而提高，根据 4.1.1 节的分析，在"次级线圈"电感量相同的情况下，匝数增多，线圈天线提供更多电感量并且 Q 值相对更高，因此四匝线圈的功率耦合效率更高[147]。

图 4.15 给出了 T_e 在径向(z=0.04m)距离上的诊断结果。由于 H 模式下角向的加热电场较小，单匝线圈、700W 条件下在腔体中心的 T_e 为 2.91eV，四匝线圈的 T_e 为 2.61eV，除了靠近腔体壁面鞘层部分(r > 0.09m)，T_e 的空间分布可以认为是均匀的，T_e 随功率增大而小幅减小，功率的变化对 T_e 的空间分布影响并不显著，分析原因，尽管电子获得的能量随着射频功率的提高而增加，但单位体积内的碰撞加剧使电子能量得到消耗，造成 T_e 的减小，在 300W 时由于存在一定的容性放电分量，T_e 较高。根据 4.1.1 节分析，电子加热场区在线圈天线附近，越靠近线圈的区域 T_e 越高，但实验中 Langmuir 探针的诊断位置与线圈的垂直距离为 0.04m，因此在 0.03m < r < 0.07m 区域内，T_e 增长趋势不明显。

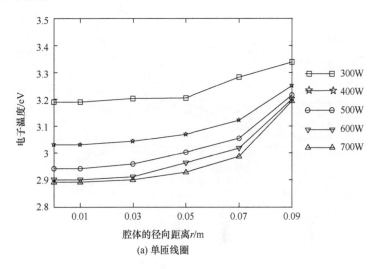

(a) 单匝线圈

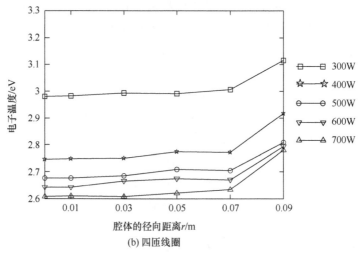

(b) 四匝线圈

图 4.15　探针诊断的径向 T_e 分布随功率的变化(z=0.04m)

　　采用弯曲型陶瓷管探针(1.5cm 型)测量靠近线圈区域内的 T_e，诊断位置与线圈的垂直距离为 0.025m，诊断结果如图 4.16 所示，在 0.03m $< r <$ 0.07m 区域内 T_e 增长明显，因为在靠近电子加热场区内电子获得能量而 T_e 升高，随着远离线圈天线，电子与其他粒子发生碰撞以及加热电场的减弱导致能量损失，T_e 降低。

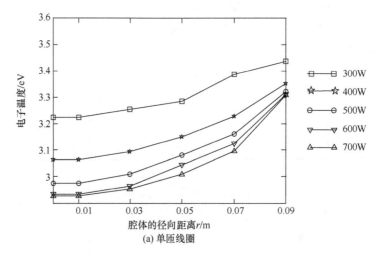

(a) 单匝线圈

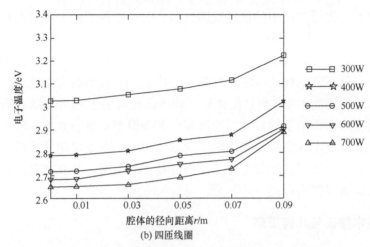

图 4.16 探针诊断的径向 T_e 分布随功率的变化(z=0.025m)

4.3 感性耦合等离子体的多物理场耦合模型

4.3.1 低温等离子体数值模拟研究概况

4.2 节通过实验诊断获取了径向和轴向 n_e 和 T_e 的分布规律,但实验诊断难以在微小的时空尺度上展现参数变化的演化过程,并且在建立 ICP 电磁散射特性的 ZT-FDTD 模型时,需要提供更多 n_e 和 T_e 的空间分布细节,数值模拟方法借助计算机技术可以获取在苛刻放电条件和多时间尺度上的等离子体参数分布和变化规律。

目前,常见的等离子体数值模拟方法包括 PIC/MC 法[148]、流体力学建模[149,150]以及混合建模等方法。PIC/MC 模型是典型的粒子模拟,该方法通过引入宏粒子表示等离子体中所有粒子的集体行为,引入空间网格将电磁场及粒子密度等物理量定义在格点上,通过在时间和空间上求解少量宏粒子的牛顿运动方程,结合蒙特卡罗模型求解出宏粒子在碰撞后的能量和速度相位变化,得到宏粒子的动力学特性,最后通过统计方法得出等离子体的特性参量。粒子模拟的优点是无须事先知道粒子分布函数、能够展示部分粒子的非线性行为,但由于需要跟踪大量的宏粒子,其计算成本较高,特别是涉及计算量较大的二维或三维问题,粒子模拟的计算效率大大降低,另外还需要额外处理在仿真中来自假源的数值噪声。

流体力学建模(简称流体模型)是当前低温等离子体数值模拟常用的方法

之一，它不仅使用 PIC 中的迭代反馈过程，而且能像蒙特卡罗法那样简化碰撞，流体模型的优势在于采用简单的假设函数描述粒子分布函数，如 Maxwellian 分布，以此降低计算成本，能在中、高气压下较好地表现等离子体的宏观特征，其缺点是不能求解 EEDF，需要事先对 EEDF 提出假设，这会影响等离子体放电的非均衡本质，而且流体模型的准确性取决于 n_e 等参数在电子扩散系数和反应速率系数下的自洽求解过程，需要根据放电参数预先确定扩散输运系数和反应速率等参数与平均电子能量的关系。本章采用流体模型方法，通过流体力学方程来描述带电粒子及中性粒子的运动，对 ICP 放电的时空演化、参数分布规律进行进一步研究。

4.3.2　基本假设与几何模型

ICP 放电是一个涉及相互作用较多的复杂过程，其中带电粒子受外加电磁场的驱动，同时其自身运动也会感应出电磁场，两者相互耦合，相互作用，具有较强的非线性，粒子间和电磁场间的作用关系在时间、空间尺度上相差很大。根据流体模型的建模特点和本书重点关注的内容，在流体建模中进行了简化处理，做出以下假设：①忽略实验中线圈天线可能产生的高次谐波成分；②假设每匝线圈天线为标准的圆形，且每匝线圈中的电流均相同，线圈压降沿径向的电势梯度相同；③由于在 H 模式下，E 模式分量对电子密度的贡献较小，忽略吸收功率中的容性耦合分量；④不考虑真空系统和气氛系统的气体对流对放电过程产生的影响；⑤考虑到实验装置角向均匀性较好，忽略了电磁场和等离子体输运过程中的角向不对称性，假设所有量只在径向和轴向空间内有变化。

基本流体模型采用 COMSOL 平台的等离子体流体模块建立，透波腔 ICP 的几何结构参考实验装置如图 4.17(a)所示，线圈天线设置为直径 6mm 的实心铜管，匝数分别为单匝和四匝等间隔分布，介质窗的厚度为 1cm，材料为石英，腔体壁面厚度为 0.5cm，材料为不锈钢。

网格剖分对流体模型的计算精度有较高的影响，等离子体放电过程涉及的物化反应主要在放电腔室区域内进行，由于射频放电具有趋肤效应等特点，在腔室壁面附近有较为强烈的反应。因此，采用不同尺度对各区域进行网格剖分，如图 4.17(b)所示。对放电腔室和放电线圈附近区域进行高密度剖分，并采用边界层网格，其余区域网格较为稀疏，以减小计算量。为了实现电磁能耦合进入等离子体的过程，模型中需要设置初始电子数密度 n_{e0} 和初始平均电子能量 ε_0，合理的初始条件有利于提高模型的迭代速度，n_{e0} 和 ε_0 分别设

置为 $10^9\mathrm{cm}^{-3}$ 和 5eV，温度设置为 297K，气体参数和实验中一致，线圈天线采用功率激励模式，功率值和实验功率源的前向功率一致。

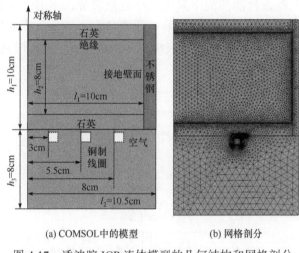

(a) COMSOL中的模型　　　　　(b) 网格剖分

图 4.17　透波腔 ICP 流体模型的几何结构和网格剖分

4.3.3　电子能量分布函数

在研究中常采用 Maxwellian 分布作为流体模型中的预设 EEDF[151]，但由于高能电子拖尾的存在，低气压 ICP 放电中 EEDF 明显偏离 Maxwellian 分布，这对模型结果会产生较大影响，如采用非 Maxwellian 分布计算的电离速率会远小于 Maxwellian 分布的结果。

为了提高模型的精确度，本书在建立流体模型时引入 Boltzmann 方程求解器求解 EEDF、电子输运/扩散系数和电子碰撞反应速率系数。Boltzmann 方程求解器、COMSOL 等离子体流体力学模块和 ZT-FDTD 模型之间的数据交互关系如图 4.18 所示。

流体模型中电子、离子和中性粒子的空间分布主要利用 Boltzmann 方程描述，可以采用六维的相空间分布函数 $f(r,v,t)$ 表示六维体积元内包含的电子数变化，电子的 Boltzmann 方程可以表示为[152]

$$\begin{cases} \iiint f(r,v,t)\mathrm{d}^3 v = n \\ \dfrac{\partial f}{\partial t} + v \cdot \nabla f - \dfrac{e}{m_\mathrm{e}} E \cdot \nabla_V f = C[f] \end{cases} \tag{4.11}$$

其中，v 为位置速度；e 为速度电子的电量；m_e 为电子的质量；E 为电场强度；∇_V 为压力梯度项；$C[f]$ 为碰撞过程对粒子速度的改变值。直接对六自由度的 Boltzmann 方程和相应的 Maxwell 方程进行求解是非常困难的，通常的方案是在有限制条件的前提下采用二项近似求解，本书的限制条件包括：①不考虑磁场对电子运动产生的影响；②电场在平均自由程的尺度内是稳定且均匀分布的；③电子的分布函数只沿电场方向变化，并且服从轴对称分布；④弹性碰撞是主要的碰撞过程。

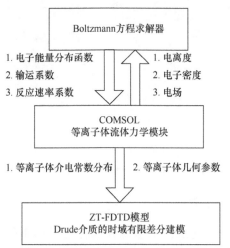

图 4.18　Boltzmann 方程求解器、COMSOL 等离子体模块
与 ZT-FDTD 模型之间的数据交互关系

在速度 v 的圆柱坐标系下 Boltzmann 方程可以表示为[153]

$$\begin{cases} \dfrac{\partial f}{\partial t} + v\cos\theta\dfrac{\partial f}{\partial z} - \dfrac{e}{m_e}E\left(\cos\theta\dfrac{\partial f}{\partial v} + \dfrac{\sin^2\theta}{v}\dfrac{\partial f}{\partial\cos\theta}\right) = C[f] \\ f(v,\cos\theta,z,t) = f_0(v,z,t) + f_1(v,z,t)\cos\theta e^{j\omega t} \end{cases} \tag{4.12}$$

其中，θ 是电子速度与电场方向的夹角，直角正交坐标系下的分布函数 $f(r,v,t)$ 改写为 $f(v,\cos\theta,z,t)$，$f(v,\cos\theta,z,t)$ 可以用一个各向同性项 $f_0(v,z,t)$ 表示各向同性速度 v，以及一个各向异性项 $f_1(v,z,t)\cos\theta$ 表示异向速度；$e^{j\omega t}$ 为射频放电中的修正项。对于非磁化等离子体，θ 为电场方向，将 $f(v,\cos\theta,z,t)$ 分别乘以 Legendre 多项式 $(1, \cos\theta)$，再对 $\cos\theta$ 积分，整理后得到

$$\begin{cases} \dfrac{\partial f_0}{\partial t} + \dfrac{\gamma}{3}\varepsilon^{1/2}\dfrac{\partial f_1}{\partial z} - \dfrac{\gamma}{3}\varepsilon^{-1/2}\dfrac{\partial}{\partial\varepsilon}(\varepsilon E f_1) = C_0 \\ \dfrac{\partial f_1}{\partial t} + \gamma\varepsilon^{1/2}\dfrac{\partial f_0}{\partial z} - E\gamma\varepsilon^{1/2}\dfrac{\partial f_0}{\partial\varepsilon} = -N\sigma_m\gamma\varepsilon^{1/2}f_1 \end{cases} \tag{4.13}$$

其中，$\gamma=(e/m_e)^{1/2}$；ε 为电子能；C_0 为碰撞项，代表由电子弹性碰撞效应导致的能量损失，C_0 包括电子-中性粒子碰撞和电子-电子碰撞；σ_m 为所有反应中粒子的等效动量转移截面总和，且

$$\sigma_m = \sum_j x_j \sigma_j \tag{4.14}$$

x_j 为某粒子的摩尔分数。σ_j 为等效的动量转移碰撞截面，对于弹性碰撞，σ_j 是弹性散射中的各向异性的总和；对于非弹性碰撞，σ_j 是总的碰撞截面。为了求解 $f_0(v,z,t)$ 和 $f_1(v,z,t)$，将 v 用 $\varepsilon = (v/\gamma_e)^2$ 代替，对 $f_{0,1}(\varepsilon,z,t)$ 进行时间和空间的分离变量，有

$$f_{0,1}(\varepsilon,z,t) = \frac{1}{2\pi\gamma^3} F_{0,1}(\varepsilon) n_e(z,t) \tag{4.15}$$

ICP 源一般放电频率为 13.56MHz，单周期内的能量转移不能被忽略，在进入稳态的感性放电之后，电子密度的增长 $n_e(z,t)$ 是空间和时间的函数。那么方程组(4.13)变为

$$\begin{cases} F_1 = \dfrac{E_0}{N} \dfrac{\tilde{\sigma}_m - \mathrm{j}(\omega/N\gamma\varepsilon^{1/2})}{\tilde{\sigma}_m^2 + (\omega/N\gamma\varepsilon^{1/2})^2} \dfrac{\partial F_0}{\partial \varepsilon} \\[3mm] \quad -\dfrac{\gamma}{3}\dfrac{\partial}{\partial\varepsilon}\left[\dfrac{1}{2}\left(\dfrac{E}{N}\right)^2 \dfrac{\tilde{\sigma}_m \varepsilon}{\tilde{\sigma}_m^2 + (\omega/N\gamma\varepsilon^{1/2})^2} \dfrac{\partial F_0}{\partial\varepsilon}\right] = \tilde{C}_0 + \tilde{R} \\[3mm] \tilde{\sigma}_m = \tilde{\sigma}_m + \overline{v}_i/N\gamma\varepsilon^{1/2} \end{cases} \tag{4.16}$$

据此，F_0 可以通过对流扩散的连续性方程进行求解获得[154]：

$$\frac{\partial}{\partial\varepsilon}\left(\tilde{W}F_0 - \tilde{D}\frac{\partial F_0}{\partial\varepsilon}\right) = \tilde{S} \tag{4.17}$$

其中，$\tilde{W}$ 是对流扩散中负离子的流速，代表由低能粒子的弹性碰撞导致的对流扩散的减弱；$\tilde{D}$ 为扩散系数，代表场加热和高能物质弹性碰撞后的能量转移；给方程组(4.13)中的第一式乘以系数 $\sqrt{\varepsilon}$ 并对整个电子能量范围积分可以得到电子的连续性方程；$\tilde{S}$ 是电子产生源和损失源的总和量，在速度的圆柱坐标系中，$f(v,\cos\theta,z,t)$ 中的各向同性部分对电流没有贡献，可以用式(4.18)表示：

$$\frac{\partial n_e}{\partial t} + \frac{\partial \Gamma_e}{\partial z} = S_e \tag{4.18}$$

因此，将式(4.18)的解代入式(4.13)，可以得到电子的漂移扩散方程(见4.3.4节)，通过类似的分析过程，可以得到电子能量的漂移扩散方程，其中，电子迁移率 μ_e、扩散系数 D_e 以及电子能迁移率 μ_ε、扩散系数 D_ε 的计算公式如下：

$$\mu_e N = -\frac{\gamma}{3}\int_0^\infty \frac{\varepsilon}{\sigma_j}\left(\frac{\partial f}{\partial \varepsilon}\right)\mathrm{d}\varepsilon \tag{4.19}$$

$$D_e N = \frac{\gamma}{3}\int_0^\infty \frac{\varepsilon}{\sigma_j}f\mathrm{d}\varepsilon \tag{4.20}$$

$$\mu_\varepsilon N = -\frac{\gamma}{3\bar{\varepsilon}}\int_0^\infty \frac{\varepsilon^2}{\sigma_j}\left(\frac{\partial f}{\partial \varepsilon}\right)\mathrm{d}\varepsilon \tag{4.21}$$

$$D_\varepsilon N = \frac{\gamma}{3\bar{\varepsilon}}\int_0^\infty \frac{\varepsilon^2}{\sigma_j}f\mathrm{d}\varepsilon \tag{4.22}$$

其中，N 为中性粒子的个数。

通过 Boltzmann 方程求解器对 10mTorr 条件下 Ar-ICP 的 EEDF 随位置和功率的变化进行求解，Ar 的碰撞散射截面数据可在文献[155]中获得，结果如图 4.19 所示。对于 Ar，当气压为 10mTorr 时，低能电子被双极性电势阱束缚，主要参与加热过程的是中等能量电子，结果显示在腔体中心 EEDF 呈现双温 Maxwellian 分布特征，非弹性的高能拖尾区域较高，在低能区域 EEDF 受放电功率的变化影响较小，因为尽管增加功率在加热场区域增加了电子的能量，但低能电子主要被约束在高密度区的电势阱中，而高能拖尾随着功率的增加呈不断延伸的趋势，在线圈附近的等离子体由于处在加热场区且电离度较小，高能拖尾出现增长。

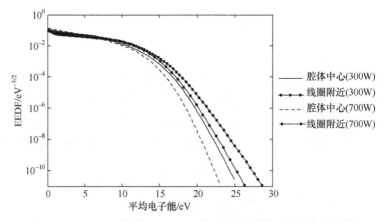

图 4.19　10mTorr 条件下 Ar-ICP 的 EEDF 随位置和功率的变化

4.3.4　流体模型

电子的动力学行为由电子连续性和动量守恒方程来描述[156]:

$$\frac{\partial n_e}{\partial t} + \nabla \cdot \Gamma_e + E \cdot \Gamma_e = R_e \tag{4.23}$$

$$\frac{\partial (n_e m_e u_e)}{\partial t} + \nabla \cdot n_e m_e u_e u_e^{\mathrm{T}} = -(\nabla \cdot p_e) + q n_e E - n_e m_e u_e v_m \tag{4.24}$$

其中，Γ_e 为电流矢量; R_e 为电子的产生源(能量的表征); p_e 为电子的压力张量; q 为电子电量的变化。式(4.24)中从左至右分别为加速度项、惯性项、电场项、压力梯度项和碰撞项，其中，v_m 通过靶粒子密度和粒子之间的相互截面计算获得，这里的靶粒子是指背景气体中的中性粒子。高气压下加速度项可以忽略，在低气压下 v_m 较小，加速度项无法被忽略，由于电子的漂移速度小于热运动速度，惯性项一般可以忽略，根据式(4.24)可以得到电子漂移速度 u_e 方程:

$$u_e = \frac{1}{n_e m_e v_m}\big[-(\nabla \cdot p_e) + q n_e E\big] \tag{4.25}$$

对于 EEDF 不满足 Maxwellian 分布的情况，其迁移率和扩散系数按照 4.3.3 节的方法计算，将计算结果用插值函数的形式耦合进 COMSOL 的流体建模中，对于 EEDF 服从 Maxwellian 分布的等离子体，其压力项可以直接用式(4.26)计算，相应的电子漂移速度可以用式(4.27)计算，电流 Γ_e 表示为式(4.28):

$$p_e = n_e k_B T_e I \tag{4.26}$$

$$u_e = \frac{1}{n_e m_e v_m}\big(-k_B n_e \nabla T_e - k_B T_e \nabla n_e + qE\big) \tag{4.27}$$

$$\Gamma_e = n_e u_e = -(\mu_e \cdot E) n_e - \nabla (D_e n_e) \tag{4.28}$$

其中，电子迁移率 μ_e 和扩散系数 D_e 可以表示为

$$\mu_e = \frac{|q|}{m_e v_m} \tag{4.29}$$

$$D_e = \frac{k_B T_B}{m_e v_m} \tag{4.30}$$

电子能量、能流密度的变化率可以用式(4.31)和式(4.32)表示:

$$\frac{\partial n_\varepsilon}{\partial t} + \nabla \cdot \Gamma_\varepsilon + E \cdot \Gamma_\varepsilon = R_\varepsilon - (u \cdot \nabla) n_\varepsilon \tag{4.31}$$

$$\Gamma_e = n_e u_e = -(\mu_e \cdot E) n_e - \nabla (D_e n_e) \tag{4.32}$$

其中，n_ε 是电子能量密度；Γ_ε 是电子能流密度；R_ε 是电子能量由于非弹性碰撞导致的变化；u 是中性气体的速度。电子源 R_e 由等离子体化学反应决定，假设等离子体中包含 M 个影响电子密度的化学反应和 P 个非弹性电子-中性粒子碰撞反应，那么在一定的反应速率条件下，可以计算得到电子源：

$$R_e = \sum_{j=1}^{M} x_j k_j N_n n_e \tag{4.33}$$

其中，x_j 是反应 j 中目标粒子的摩尔分数；k_j 是反应 j 的反应速率系数，可以通过电子碰撞截面数据在放电条件下进行计算；N_n 是中性粒子的数量。电子能量的损失通过统计所有碰撞电子损失获得：

$$R_\varepsilon = \sum_{j=1}^{P} x_j \alpha_j N_n n_e \Delta \varepsilon_j \tag{4.34}$$

其中，$\Delta \varepsilon_j$ 是反应 j 的能量的损失。Ar 放电涉及的化学反应有 20 种，为减小计算量，根据文献[157]中采用的主要反应进行简化，相应的电子碰撞反应速率系数，可以通过碰撞截面数据对 EEDF 进行积分得到：

$$k_j = \gamma_e \int_0^\infty \varepsilon \sigma_j(\varepsilon) f(\varepsilon) \mathrm{d}\varepsilon \tag{4.35}$$

其中，$\sigma_j(\varepsilon)$ 为反应过程 j 总碰撞截面面积；其他反应速率系数可以从文献[157]中获取。对于二维轴对称的 ICP 放电模型，只考虑感性工作模式，射频磁场只分布在 z-r 截面，在等离子体中产生的角向电场只存在 θ 方向，因此在求解电子的连续性和动量守恒方程时，只需要考虑在 θ 方向上随电场的振荡运动，电子动量守恒方程表示为

$$\frac{\partial (n_e m_e u_{e,\theta})}{\partial t} = -\frac{\partial n_e k_B T_e}{\partial \theta} + q n_e E_\theta - n_e m_e u_{e,\theta} \nu_m \tag{4.36}$$

由于 n_e 服从轴对称分布，在 θ 方向可以看成均匀不变的，式(4.36)可以简化为

$$\frac{\partial (n_e m_e u_{e,\theta})}{\partial t} = q n_e E_\theta - n_e m_e u_{e,\theta} \nu_m \tag{4.37}$$

根据谐振场 $E_\theta = \tilde{E}_\theta \mathrm{e}^{\mathrm{j}\omega t}$ 和 $u_{e,\theta} = \tilde{u}_{e,\theta} \mathrm{e}^{\mathrm{j}\omega t}$，将式(4.37)写为频域形式，角向等

离子体电流可以表示为

$$j\omega n_e m_e \tilde{u}_{e,\theta} = q n_e \tilde{E}_\theta - n_e m_e \tilde{u}_{e,\theta} \nu_m \tag{4.38}$$

$$\tilde{J}_\theta = q n_e \tilde{u}_{e,\theta} = \frac{q^2 n_e}{m_e(\nu_m + j\omega)} \tag{4.39}$$

$$E \cdot \Gamma_e = E_\theta \frac{J_\theta}{q} = \frac{1}{q}\frac{1}{2}\mathrm{Re}(\tilde{E}_\theta \tilde{J}_\theta) \tag{4.40}$$

对于无碰撞的随机加热，在流体模型中通过增加一个自由度的电子漂移速度进行模拟：

$$n_e u_\phi j\omega t + n_e v_e u_\phi - \eta_{eff} \nabla \cdot (n_e \nabla u_\phi) = -\frac{e}{m_e} n_e E_\phi \tag{4.41}$$

$$\eta_{eff} = \left(\frac{c^2 V_{th}^4}{\pi \omega_p^2 \omega}\right)^{1/3}, \quad V_{th} = \sqrt{\frac{3T_e e}{m_e}} \tag{4.42}$$

其中，η_{eff} 是等效黏度系数。随机碰撞对等离子体电流的贡献为 $J_\phi = q n_e u_\phi$。对于外部电流，直接采用频域的 D'Alembert 方程求解：

$$(j\omega\sigma - \omega\varepsilon_0\varepsilon_r)A + \nabla \times (u_0^{-1}\nabla \times A) = J_e \tag{4.43}$$

$$\sigma_p = \frac{n_e e^2}{m_e(\nu_m + j\omega)} \tag{4.44}$$

Ar 放电中，不考虑重离子的影响，但在 O_2 等分子气体放电中，负离子存在解离过程会产生中性粒子和电子，引入混合平均方法和质量守恒方程对重粒子的平衡态进行分析，假设有 $j=1,2,\cdots,N$ 个化学反应，有 $k=1,2,\cdots,Q$ 个粒子种类，那么第 $Q-1$ 种粒子满足的方程为

$$\rho\frac{\partial w_k}{\partial t} + \rho(u \cdot \nabla)w_k = \nabla \cdot J_k + R_k \tag{4.45}$$

其中，J_k 是扩散流矢量；R_k 是第 k 种粒子的反应速率系数；u 为重粒子的平均流速；ρ 是重粒子的混合密度；w_k 是第 k 种粒子的质量分数。金属腔壁对电子的复合损失及产生的二次发射电子数量的计算可参照文献[158]。

4.4 多物理场模型的参数分布计算结果分析

4.4.1 电子密度的空间分布和时空演化

图 4.20(a)～(f)给出了 z-r 截面上 n_e 分布随时间进程的变化,功率为 700W。

当 $t=10^{-8}$s 时，在线圈附近有能量耦合进入等离子体中，n_e 略高于初始密度；当 $t=10^{-7}$s 时，功率通过线圈天线产生的环向加热电场将能量耦合给等离子体中的粒子，加热场区在线圈附近的趋肤层内，碰撞电离随电子动能增加而提高，加热场区的 n_e 升高。对比图 4.20(b)和(c)可知，电子加热场区的位置和线圈磁感应强度的分布直接相关，单匝线圈的加热场区的空间均匀性比四匝线圈差。图 4.21(a)和(b)给出了空间内的电势分布随时间的变化，观察到在

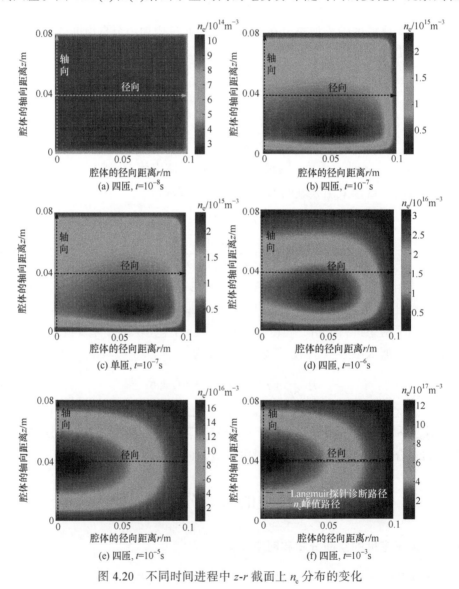

图 4.20　不同时间进程中 z-r 截面上 n_e 分布的变化

$t=10^{-6}\sim10^{-5}$ s 时间内，空间内的电势分布随着电子的扩散迁移从加热场区域向腔体中心区域转移，直流双极性电势决定电离率，此时中心区域的电离率大于加热场区。在 $t=10^{-5}$ s 时间后，双极性电势的高强度区域不再发生移动，根据 EEDF 可知，占总数较大的低能电子不能逃脱高电势阱的束缚，导致电子在中心区域持续累积，双极性电势场强度下降，在 $t=10^{-3}$ s 达到平衡，此时 n_e 达到最大值 $12.2\times10^{17}\text{m}^{-3}$。

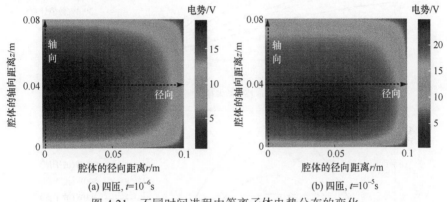

(a) 四匝，$t=10^{-6}$ s　　　　(b) 四匝，$t=10^{-5}$ s

图 4.21　不同时间进程中等离子体电势分布的变化

图 4.22 给出了 $300\sim700\text{W}$ 下径向 n_e 随功率的变化。对比曲线可知，n_e 的空间分布基本不随功率变化，分析原因是功率对电子在空间的扩散输运影响较小。

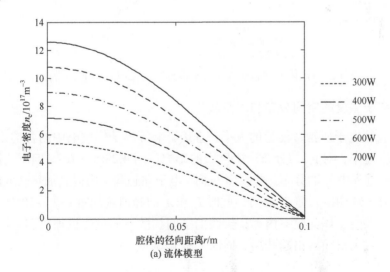

(a) 流体模型

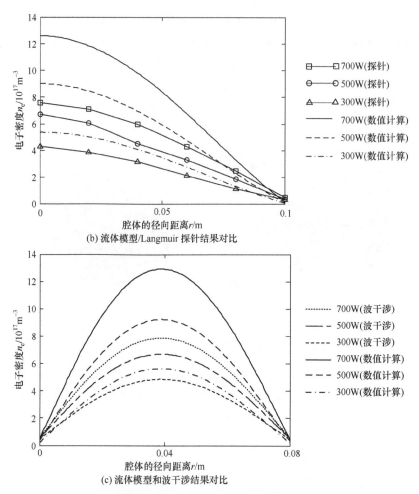

(b) 流体模型/Langmuir 探针结果对比

(c) 流体模型和波干涉结果对比

图 4.22 流体模型和探针、波干涉诊断的径向 n_e 分布的对比

4.4.2 电子温度的空间分布和时空演化

T_e 表征电子所携带能量的大小，直接影响等离子体放电中的各类化学反应和反应速率，对 ν_m 的分布产生巨大的影响，图 4.23(a)～(c)是四匝线圈下，不同放电进程中 T_e 的分布。当 $t=10^{-7}$s 时，电子在趋肤层内得到加热获取能量，在靠近放电线圈的位置 T_e 较高，此时 T_e 和 n_e 的峰值区域重叠。$t=10^{-7}$～10^{-5}s 时间内，等离子体向腔室内远离天线的空间扩散，通过随机加热和碰撞加热过程电子将能量输运出趋肤层，同时 T_e 开始降低。

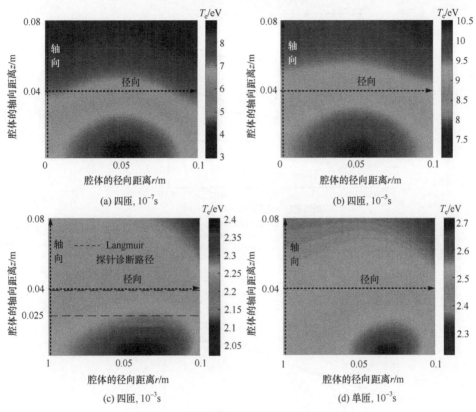

图 4.23　不同时间进程中 T_e 分布的变化

$t=10^{-5}\sim10^{-3}$ s 时间内，T_e 的分布趋于稳定，在多次的计算迭代中 T_e 不断减小，电子从射频场中获取的能量和激发电离能量损失达到平衡，T_e 峰值区域始终集中在放电线圈附近的加热场区。$t=10^{-3}$s，T_e 峰值区域向远离轴心方向偏移，分析是由于在靠近对称轴一侧的 n_e 更高，导致趋肤层缩短，并且大量的低能电子被束缚在腔体中心的电势阱中，导致靠近对称轴一侧的 T_e 低于其他区域。图 4.23(d)给出了单匝线圈下 T_e 的空间分布，相同功率条件下，单匝线圈的 T_e 更高，但加热场区更小。

图 4.24(a)给出了探针诊断和流体模型的径向 T_e 分布结果的对比，探针诊断和流体模型对比路径为 $z=0.025$m，流体模型结果小于诊断结果，分析认为一方面实验中存在一定的功率耦合损失导致 n_e 较低，另一方面容性分量会导致 T_e 升高。图 4.24(b)给出了加热场内径向 T_e 随功率的变化，T_e 随功率的增加而降低。

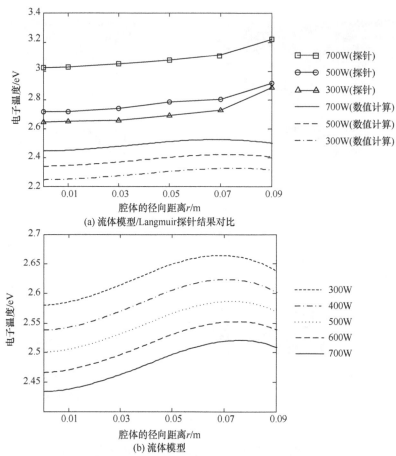

(a) 流体模型/Langmuir探针结果对比

(b) 流体模型

图 4.24 探针诊断和流体模型的径向 T_e 分布结果的对比

图 4.25 给出了 ICP 中 ω_p 和 ν_m 的空间分布，结果显示 ν_m 的空间分布和 T_e

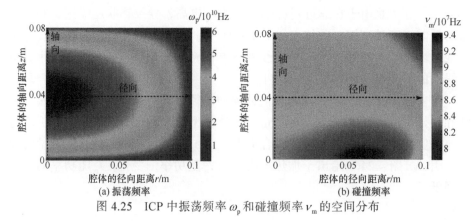

(a) 振荡频率   (b) 碰撞频率

图 4.25 ICP 中振荡频率 ω_p 和碰撞频率 ν_m 的空间分布

几乎是一致的,根据式(2.7)求解出等离子体介电常数的实部和虚部,如图 4.26 所示,电磁波频率取 10GHz,由于 n_e 在空间内的梯度变化较大,ν_m 分布相对非常均匀,因此介电常数的空间梯度变化取决于 n_e 的空间分布。

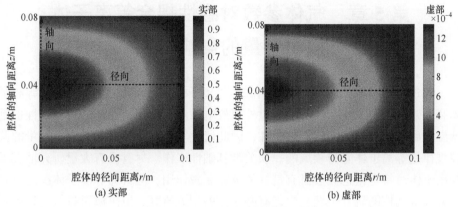

图 4.26 ICP 介电常数的空间分布

4.5 本 章 小 结

本章开展实验并建立流体力学模型研究了透波腔 ICP 放电的物理现象和参数分布。设计了两种结构的 ICP 放电系统,分别是石英矩形腔和不锈钢柱形腔,采用 Langmuir 探针和波干涉法诊断了典型气压下的 Ar-ICP 轴向和径向 n_e 分布,并观察了在 E-H 模式下 ICP 放电形态的变化,采用流体力学建模方法建立了相应的 Ar-ICP 流体模型,针对低气压下 EEDF 偏离 Maxwellian 分布的问题,采用 Boltzmann 方程求解器在流体模型中自洽地求解扩散/输运系数和 EEDF,修正了原 COMSOL 等离子体模块中 EEDF 不准确的问题,研究了放电过程中 n_e 和 T_e 的时空演化规律,并给出了 ICP 介电常数的空间分布。

结果分析可知,修正的流体模型可以较为准确地反映 n_e 和 T_e 的空间分布的细节特征,在 10mTorr 下,ICP 的 n_e 呈轴对称分布,n_e 和射频功率成正比,根据时空演化规律可知,n_e 首先在线圈附近的加热电场得到升高,随着低能电子被驱逐出趋肤层,n_e 的峰值区域向加热场区的正上方移动,空间的电势分布也同时随着电子的扩散迁移发生改变,10^{-3}s 时,n_e 在腔体的几何中心达到最大值;ICP 介电常数的空间分布主要取决于 n_e,分析原因是 n_e 空间分布梯度较大而 ν_m 分布相对均匀。

第5章 气体参数对感性耦合等离子体散射参量的影响研究

通过第2章和第4章的分析可知,等离子体介电常数的改变会影响等离子体和电磁波的相互作用过程,通过外部放电条件调控等离子体的吸波特性也是低温等离子体隐身技术的优势所在,因此研究等离子体源的电磁散射参量的调控规律是等离子体隐身领域的一项关键基础性工作。尽管已有大量研究证实了等离子体对特定雷达波段具有良好的吸收衰减作用,但针对等离子体源的电磁散射参量调控的研究仍然较少,有必要开展相关研究,电磁散射参量包括反射系数、反射率、透射系数、透射率和衰减率等。

ICP放电中的气体参数一般指工作气体的气压和气体成分,气体参数是影响电子扩散与输运的主要因素之一,会对 n_e、T_e 的分布产生巨大影响,据此本章利用流体建模和实验手段,研究气体参数对 ICP 源 n_e、T_e 分布以及散射参量的影响。

5.1 气体参数对感性耦合等离子体参数分布影响的实验和数值模拟

5.1.1 气体参数对感性耦合等离子体放电过程影响的数值模拟研究

在低气压(<25mTorr)ICP放电中,起电离作用的电子能量一般在 $10\sim15$eV,其平均自由程和放电区的尺寸接近,因此即使电源能量只注入一个小体积区域内,各处的碰撞电离频率仍然具有较为均匀的空间分布,电离过程的变化尺度和电子平均自由程一样。但在高气压下电子平均自由程通常小于放电区尺寸,放电中各处的电离速率不均匀,导致出现严重的 n_e 不均匀分布现象。一般在电正性气体放电中,通常只考虑两类粒子,即电子和正离子,忽略电子和离子之间碰撞导致的体积复合过程,但在电负性气体放电中,低迁移率和低温度的负离子可以取代电子成为主要的负电荷粒子,正负离子之间的复合过程不能被忽略,扩散方程不再是简单的线性方程,负离子严重影响了动力学过程。对此,本节首先建立流

体模型研究不同气压和气体混合比例条件下 n_e、T_e 分布的变化，气体选择具有代表性的电正性气体 Ar 和电负性气体 O_2，气压条件分别为 10mTorr、100mTorr、1Torr，O_2 摩尔分数 η_{O_2} 为 0%、25%、50%、75%、100%，O_2、Ar/O_2 混合气体的碰撞截面和等离子体化学反应数据来源于文献[158]和开放数据库[159]。

　　参照第 4 章中流体模型的建模方案，首先对不同气体参数下的 EEDF 进行求解，EEDF 求解结果如图 5.1(a)和(b)所示，对于 Ar，当气压为 10mTorr 时，低能电子被双极性电势阱束缚，主要参与加热过程的是中等能量电子，结果显示 EEDF 呈现双温 Maxwellian 分布特征，非弹性的高能拖尾区域较高，文献[160]中观察到在低于 10mTorr 的气压下，EEDF 接近三温 Maxwellian 分布。当气压上升至 100mTorr 时，欧姆加热和电子-电子碰撞过程加剧，在 Ar 的弹性区（$\varepsilon \leqslant 11.55\text{eV}$），EEDF 接近 Maxwellian 分布，在非弹性区，EEDF 偏离 Maxwellian

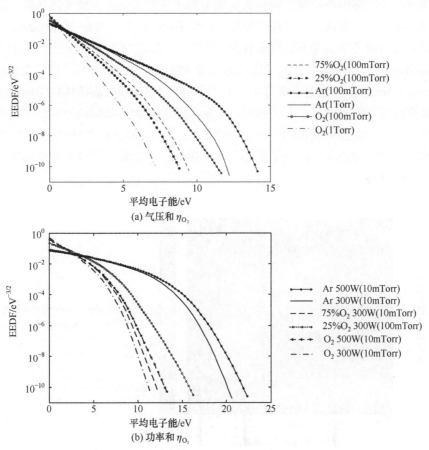

图 5.1　ICP 中 EEDF 随气压、η_{O_2} 和功率的变化

分布，当气压上升至 1Torr 时，EEDF 在高能部分呈现出明显的萎缩，弹性区内部呈 Maxwellian 分布。

随着 O_2 加入，等离子体中出现大量的 O 负离子，导致 EEDF 发生了显著的改变，等离子体中低能和中等能量电子的占比随着 η_{O_2} 的升高而增加，高能拖尾萎缩，驱使 EEDF 向 Maxwellian 方向移动，功率增加可以有效地增加加热区电子的能量，增加高能拖尾的范围，导致趋肤层内部的 EEDF 向偏离 Maxwellian 的方向移动，但同时加剧的碰撞过程又降低了电子的能量，在主等离子体区域，电离度随放电功率的增加而增加，迫使 EEDF 向 Maxwellian 方向移动，但同时高能区也有所扩大。

气压上升至 100mTorr，Ar 透波腔 ICP 的 n_e 分布如图 5.2(a)所示，功率为 700W，线圈匝数为 4。n_e 的峰值随着气压上升而显著增加，n_e 峰值从 10mTorr 对应的 $1.37\times10^{18}m^{-3}$ 上升至 100mTorr 对应的 $2.89\times10^{18}m^{-3}$(图 5.2(b))，n_e 的峰值区域偏离腔体中心位置，同时从 n_e 的分布上可以看到，等离子体在轴向的厚度出现缩短，分析认为气压升高导致了扩散系数的降低，根据 Boltzmann 方程求解器对不同气压条件下扩散系数的计算结果，如图 5.3 所示，当气压上升至 100mTorr 时，扩散系数在电子能量的低能区降低了半个数量级。图 5.2(b)对比了 z=0.026m 路径上放电功率对 n_e 分布的影响，图中曲线代表流体模型中电子密度峰值路径上的采样值，下文相同。n_e 随功率的增大不断提高但梯度变化几乎不受影响，n_e 峰值从 300W 的 $0.95\times10^{18}m^{-3}$ 上升至 700W 的 $2.89\times10^{18}m^{-3}$，原因是功率变化只对趋肤层内电子的运动产生影响，不影响电子离开加热场区后的扩散输运过程。

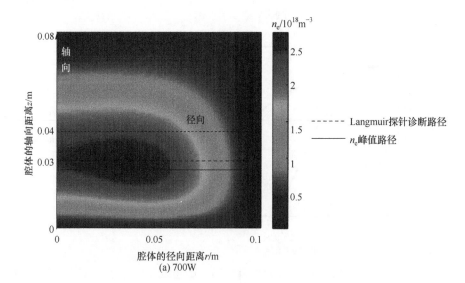

(a) 700W

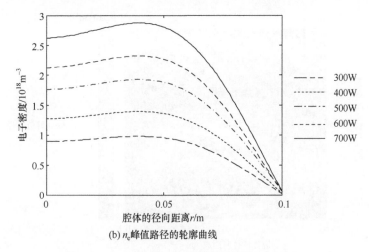

(b) n_e 峰值路径的轮廓曲线

图 5.2　Ar-ICP 中 n_e 空间分布(气压 100mTorr)

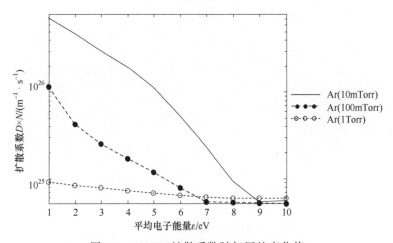

图 5.3　Ar-ICP 扩散系数随气压的变化值

　　Ar 透波腔 ICP 在 1Torr 气压下 n_e 分布如图 5.4(a)所示,ICP 的轴向厚度被显著压缩,n_e 的空间梯度变化更为剧烈。由 4.4.1 节的分析可知,在线圈附近厚度约等于趋肤深度 δ 的场区被加热,根据 1Torr 气压条件下扩散系数可知,高气压严重限制了电子的扩散和迁移,压缩了等离子体的体积,在三维坐标中,n_e 的分布呈环形,和加热电场一致。图 5.5 给出了等离子体电势的空间分布,对比发现,此时等离子体电势峰值的区域出现在电子加热区的正上方,而电势最高的区域是电离过程最强的区域,因此 n_e 的峰值区出现在趋肤层的上方。

　　图 5.4(b)给出了电子密度峰值路径 $z=0.021$m 上 n_e 分布随功率的变化。n_e 随

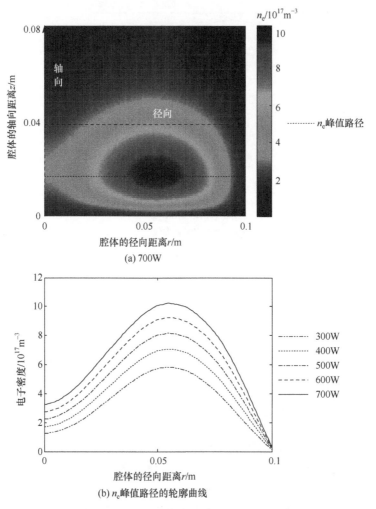

(a) 700W

(b) n_e峰值路径的轮廓曲线

图 5.4 Ar-ICP 的 n_e 空间分布(气压 1Torr)

功率的增加而升高，n_e 峰值在 700W 时上升至 $1.13 \times 10^{18} m^{-3}$。图 5.6 给出了 n_e 峰值随气压的变化，当气压上升至 100mTorr 时，n_e 不断上升，因为欧姆加热转变为主导的加热模式，有效地提高了功率耦合效率，而当气压继续上升(100mTorr 至 1Torr)时，电离率随气压的升高而下降，导致 n_e 下降。

电负性 O_2-ICP 的 n_e 空间分布随气压的改变如图 5.7(a)～(c)所示，峰值路径上的 n_e 分布曲线随功率的变化如图 5.8(a)～(c)所示。结果显示 O_2 放电中，n_e 随气压的升高呈下降趋势，在 700W 下，n_e 峰值在 10mTorr、100mTorr 和 1Torr 气压中分别达到 $5.2 \times 10^{17} m^{-3}$、$2.7 \times 10^{17} m^{-3}$ 和 $1.02 \times 10^{17} m^{-3}$。

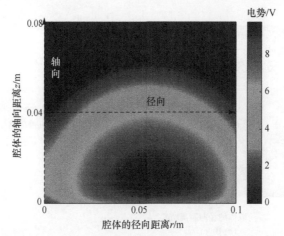

图 5.5　Ar-ICP 的等离子体电势空间分布(气压 1Torr)

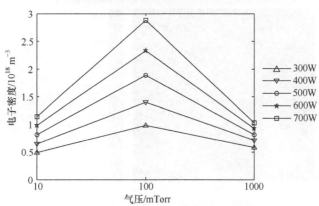

图 5.6　Ar-ICP 的 n_e 峰值随气压的变化曲线

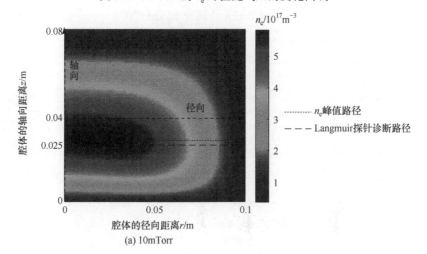

(a) 10mTorr

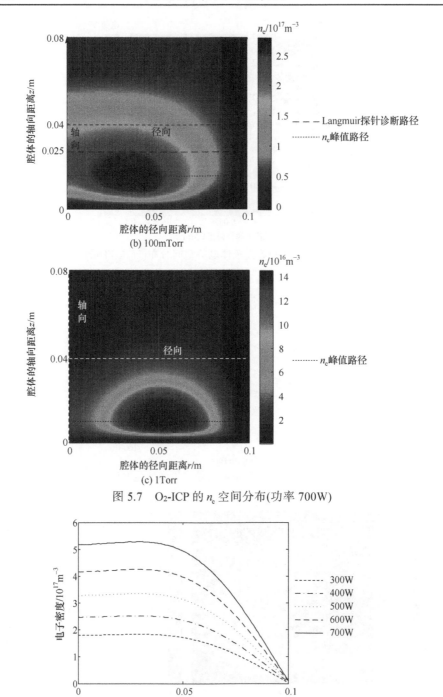

图 5.7　O₂-ICP 的 n_e 空间分布(功率 700W)

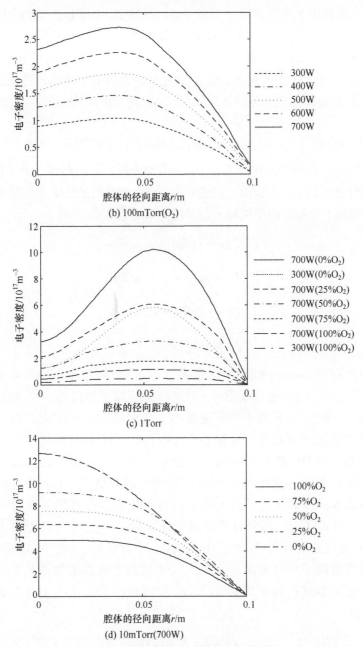

图 5.8　O_2-ICP 中峰值路径的 n_e 分布曲线随功率、η_{O_2} 的变化

对比相同气压下 Ar-ICP，O_2 中 n_e 峰值大幅度下降，这是由于 O_2-ICP 中 O_2 分子的振动、转动与激发等过程都会导致电子能量和数量的降低，一方面分解

吸附反应会消耗电子产生多种 O 负离子或活性基团,并且由于器壁的电势较低,这些 O 负离子被约束在主等离子体区域,导致在主等离子体区域内 O 负离子密度增大, n_e 减小。另一方面, O_2 分子的电离反应所需能量高于电子与 O_2 发生非弹性碰撞反应所需的起始能量,导致中等能量电子被非弹性碰撞消耗的同时高能电子的离化概率进一步降低[161],宏观上体现为电负性 ICP 中 n_e 的急剧下降。

10mTorr 条件下, n_e 分布随 η_{O_2} 变化曲线如图 5.8(d)所示,O 离子和 O_2 分子吸附电子形成了负离子, n_e 随着 η_{O_2} 的上升而大幅下降,但主等离子体区域内的 n_e 分布却更加均匀,下面给出理论分析。电负性等离子体中带电粒子的漂移-扩散方程和处于激发态的中性粒子数满足 Fick 定律[162]:

$$
\begin{cases}
\Gamma_+ = -D_+ \nabla n_+ - n_+ \mu_+ E \\[2mm]
\Gamma_- = -D_- \nabla n_- - n_- \mu_- E \\[2mm]
\Gamma_e = -D_e \nabla n_e - n_e \mu_e E \\[2mm]
\Gamma_* = -D_* \nabla n_*
\end{cases}
\tag{5.1}
$$

其中, $D_X (X = +, -, e, *)$ 为扩散系数; $\Gamma_X (X = +, -, e, *)$ 为粒子通量; $\mu_X (X = +, -, e, *)$ 为输运系数;*为亚稳态基原子激发态; E 为双极性电场的场强。一般情况下离子漂移速度小于离子的热运动速度,假设正负带电粒子总的通量密度相等,根据前文计算可知, O_2 放电中 EEDF 的高能拖尾急剧萎缩,EEDF 趋近 Maxwellian 分布,电子的迁移率在主等离子体区域较高,可认为电子满足 Boltzmann 假设,即满足 $\Gamma_e \approx 0$,将爱因斯坦关系式和等式 $E = -\nabla \Phi$ 代入式(5.1)中,可得式(5.2),对其积分得到 n_e 的一维分布模型,即式(5.3),其中 Φ 为等离子体电势, $n_{e\text{-max}}$ 为等离子体中心处的电子密度。考虑到负离子不处于 Boltzmann 平衡状态,不能直接采取式(5.3)的形式描述负离子密度分布 n_- ,引入关于负离子密度的距离修正项 $A(l)$ 对负离子分布模型进行修正得到式(5.4),联立式(5.3)和式(5.4)消去 Φ ,可得式 (5.5):

$$
\nabla \left(n_e \Phi - T_e \ln n_e \right) = 0
\tag{5.2}
$$

$$
n_e = n_{e\text{-max}} \cdot \exp \left(\frac{\Phi}{T_e} \right)
\tag{5.3}
$$

$$n_- = n_{\_max} \cdot \exp\left(\frac{A(l)\varPhi}{T_-}\right) \tag{5.4}$$

$$n_e = n_{e0}\left(\frac{n_-}{n_{\_0}}\right)^{\frac{A(l)T_-}{T_e}} \tag{5.5}$$

在低气压 O_2 放电中，可以认为负离子的一维分布近似为抛物线分布，在主等离子体区域内有 $T_e \gg T_-$，那么 $A(l)T_-/T_e \approx 0$，在核心区内其 n_e 分布可近似为均匀分布，在高气压条件下，负离子分布向平顶模型过渡[163]，即 $n_- \approx n_{\_0}$，那么根据式(5.5)，其 n_e 分布更加接近均匀分布，即 $n_e \approx n_{e0}$。

图 5.9 给出了 O_2-ICP 中扩散系数随气压的改变，总体上 O_2 等离子体的扩散系数低于 Ar，表示 O 负离子的存在限制了电子的扩散，增大了等离子体的约束特性。

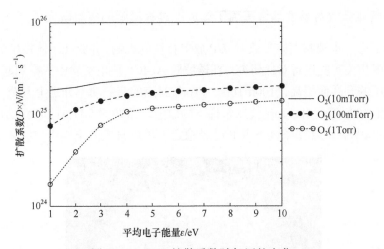

图 5.9　O_2-ICP 扩散系数随气压的变化

根据 4.4.2 节，T_e 的空间分布可近似认为是均匀的，仅在靠近腔壁的鞘层内和线圈天线附近的加热场区略高，在主等离子体区域略低。图 5.10 给出了流体模型中主等离子体区域内 T_e 随气压和 η_{O_2} 的变化，功率为 700W，T_e 随着气压的上升而降低，分析认为气压的增高显著提高了 ν_m，频繁的电子碰撞导致电子能量损失；T_e 随 η_{O_2} 的升高而升高，主等离子体区域内大量 O 负离子取代电子成为等离子体中的负离子，n_e 和 ν_m 的降低导致 T_e 的升高。

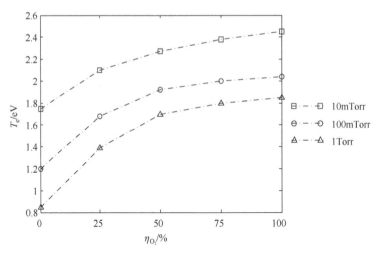

图 5.10　ICP 中主等离子体区域内 T_e 随 η_{O_2} 的变化

5.1.2　气体参数对感性耦合等离子体放电过程影响的实验研究

为了进一步观察气体参数对 ICP 放电特性的影响, 并验证流体模型的结果, 本节开展相关实验进行对比研究。在透波腔 Ar-ICP 放电实验中观察到起辉功率随着气压的升高而提高, 100mTorr、1Torr 对应的起辉功率分别上升至 65W、95W。在 100mTorr 和 1Torr 气压条件下的放电现象如图 5.11(a)和(b)所示, 放电功率为 400W, 此功率条件下 ICP 已经稳定工作在 H 模式下。

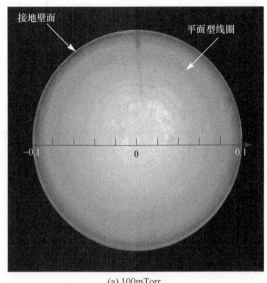

(a) 100mTorr

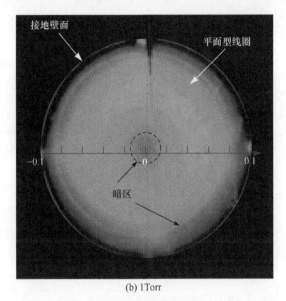

(b) 1Torr

图 5.11　Ar-ICP 放电形态随气压的变化(功率 400W，尺寸单位为 m)

随着气压上升至 100mTorr，腔壁附近出现暗区，上升至 1Torr 时，放电腔壁附近的暗区扩大，腔体中心区域出现明显的暗区，等离子体形态向环形转变，和流体模型给出等离子体形态随气压的变化是一致的，根据 4.4.1 节对 n_e 在时间尺度上的变化可知，电子首先在线圈附近的环状趋肤层内被加热后，通过扩散向加热场之外区域迁移，但气压的升高显著增加了气相碰撞，严重地限制了等离子体的扩散，压缩了加热场区外等离子体的体积。

图 5.12(a)给出了 100mTorr 探针诊断和流体模型中径向 n_e 分布的对比，探针采用弯曲套管型的探针尖(1cm)，诊断路径如图 5.2 所示。探针诊断结果明显低于流体模型的计算结果，但两者有较为一致的分布趋势，分析认为一方面由于在流体模型中没有考虑功率损失、容性分量等对 n_e 的影响，另一方面腔体和 Langmuir 探针的接口为标准 CF35 法兰，弯曲陶瓷套管在轴向上只能测量距离中心处 0.5cm、1cm、1.5cm 三个位置的 n_e，诊断路径和流体模型中的 n_e 峰值路径出现偏差。从实验测量可以看到，n_e 在 300～500W 时升高较大，也证实了在低功率情况下，容性分量在总耦合功率中占比较高。

图 5.12(b)给出了 100mTorr 轴向 n_e 分布的对比，结果显示 n_e 峰值偏离腔体中心，随着气压的升高，n_e 分布的轴对称性被破坏，探针结果低于波干涉结果，例如，在 700W 时，探针诊断的 n_e 峰值达到 $1.76\times10^{18}\mathrm{m}^{-3}$，波干涉得到的 n_e 峰值达到 $2.03\times10^{18}\mathrm{m}^{-3}$。1Torr 气压下，Ar-ICP 的轴向 n_e 分布如图 5.13

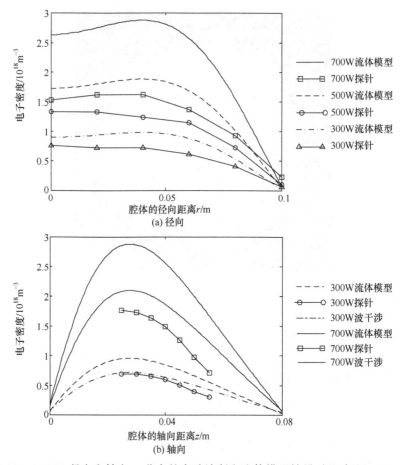

图 5.12　Ar-ICP 径向和轴向 n_e 分布的实验诊断和流体模型结果对比(气压 100mTorr)

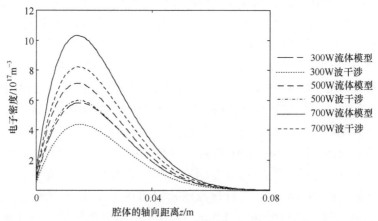

图 5.13　Ar-ICP 轴向 n_e 分布的波干涉和流体模型结果对比(气压 1Torr)

所示。由于高气压中探针诊断的误差较大，只采用波干涉法进行轴向 n_e 诊断对比，ICP 的轴向厚度随着气压的升高而显著降低，但金属腔中无法直接测量到厚度随气压的变化量，采用流体模型中 1Torr 的厚度 0.06m 作为干涉波的传播距离，实验结果显示，300～700W 对应的 n_e 峰值从 $4.26×10^{17}m^{-3}$ 增长至 $8.12×10^{17}m^{-3}$。

O₂ 透波腔 ICP 在 10mTorr、100mTorr 和 1Torr 气压条件下的放电形态如图 5.14(a)～(c)所示，放电功率为 400W，在 10mTorr 气压下，在腔体中央区域产生了大面积的均匀等离子体，但在腔壁边缘出现较窄的暗区，在 100mTorr 气压下，腔体中心出现暗区，等离子体的形态向环形转变，电负性核心区和电正性边界出现一定程度的分离，当气压上升至 1Torr 时，腔体中心暗区的面积不断扩大，主等离子体区域的光强和边缘光晕的光强出现明显的差异，在石英薄层腔 ICP 中也观察到非常清晰的环形主放电区和边缘晕的等离子体形态，详见 6.1.2 节。

图 5.15(a)和(b)给出了 10mTorr 气压下 O₂-ICP 径向和轴向 n_e 的分布曲线，探针诊断的 n_e 低于流体模型的计算结果，但两者的变化趋势吻合得较好，和 Ar-ICP 中 n_e 的分布相比，可知 O₂ 放电中负离子的存在改变了电子的扩散行为，导致 n_e 空间分布发生变化。在核心区内部，n_e 分布更加均匀，功率从 300W 增

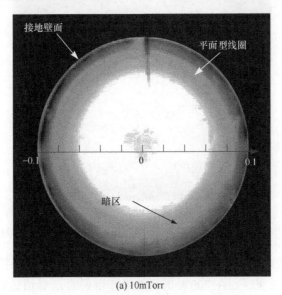

(a) 10mTorr

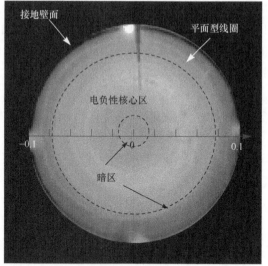

(b) 100mTorr

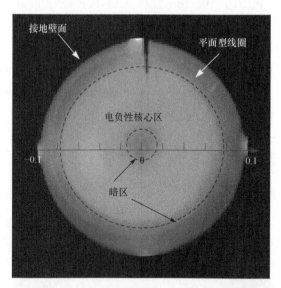

(c) 1Torr

图 5.14 O$_2$-ICP 放电形态随气压的变化(功率 400W，尺寸单位为 m)

大至 700W，n_e 的峰值由 $0.97 \times 10^{17} m^{-3}$ 上升至 $2.41 \times 10^{17} m^{-3}$(探针)。探针诊断结果低于微波干涉结果，如在 700W 时，波干涉得到的 n_e 峰值达到 $3.12 \times 10^{17} m^{-3}$，探针和微波干涉的诊断结果都证实 O$_2$ 放电的 n_e 显著低于 Ar。

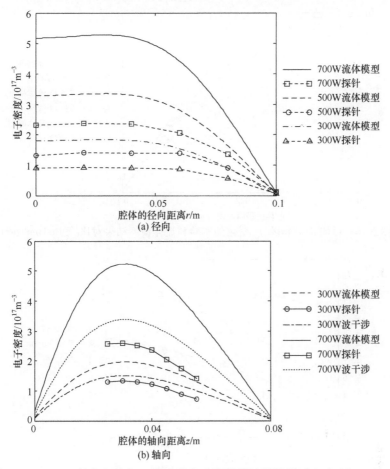

图 5.15　O_2-ICP 径向和轴向 n_e 分布的实验和数值计算结果对比(气压 10mTorr)

图 5.16 给出了径向 n_e 随 η_{O_2} 的变化, 气压为 10mTorr, 功率为 700W, n_e 随 η_{O_2} 的升高而降低, 均匀性提高, 随着 η_{O_2} 升高至 25%、50% 和 75%, n_e 峰值分别下降至 $8.72 \times 10^{17} \text{m}^{-3}$、$6.98 \times 10^{17} \text{m}^{-3}$ 和 $4.91 \times 10^{17} \text{m}^{-3}$, 根据前文分析, O_2 分子的存在会导致电子能量和数量的显著降低, 所以尽管当 η_{O_2} 只有 25% 时, n_e 却大幅下降, 在主等离子体区域内随着 O 负离子密度的提高, n_e 的分布也更为均匀, 通过 Langmuir 探针的诊断结果也观察到这一趋势。

图 5.17 和图 5.18 分别给出了 Ar-ICP、O_2-ICP 干涉波路径上平均 n_e 的诊断结果。Ar-ICP 中, 尽管 10mTorr 下 n_e 峰值高于 1Torr, 但由于高气压下轴向厚度的缩小导致电子的分布更为集中, 100mTorr 和 1Torr 下的平均 n_e 非常接近; O_2-ICP 中, n_e 随着气压升高而快速下降, 在文献[164]中也观察到相近的结果。

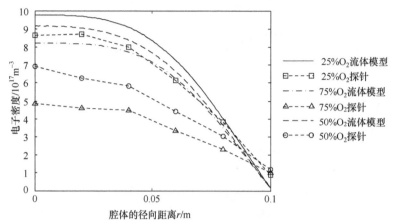

图 5.16　径向 n_e 分布随 η_{O_2} 变化的实验和流体模型结果对比(气压 10mTorr)

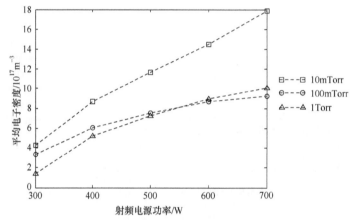

图 5.17　干涉波路径上 Ar-ICP 的平均 n_e 随气压的变化

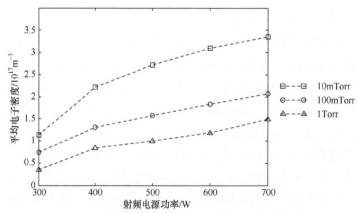

图 5.18　干涉波路径上 O₂-ICP 的平均 n_e 随气压的变化

利用 Langmuir 探针诊断了 T_e 随 η_{O_2} 和气压的变化，测量点为 $r=0.05m$、$z=0.025m$，放电功率为 700W。实验诊断结果(图 5.19)同样显示 T_e 随 η_{O_2} 的升高而增大，随气压的升高而降低，诊断值略高于计算结果，分析原因认为实验中 ICP 的电离率和 n_e 低于流体模型，碰撞作用不足导致 T_e 较高。

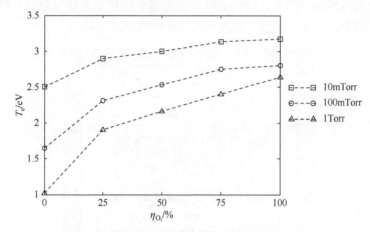

图 5.19　T_e 随 η_{O_2} 和气压变化的实验诊断结果

5.2　气体参数对感性耦合等离子体散射参量影响的数值模拟

5.2.1　感性耦合等离子体散射参量模型的建立

1. 散射参量 ZT-FDTD 模型的建立

由于 ICP 中 n_e 存在较为剧烈的空间梯度，电磁波与 ICP 的相互作用是一个较为复杂的问题，不同于常规分层介质中电磁波的传播过程，ICP 中 n_e 是连续变化的，且在轴向和径向方向都存在不均匀的变化，当线极化波入射进入 ICP 后，不同传输路径上电磁波的传播特性都不相同。因此，从整体看反射波的波形不再是完全的平面波，尽管实验测量能够直接得到 ICP 对雷达波的衰减效果，但较难观察到电磁波和 ICP 相互作用的细节。对此，本节采用 ZT-FDTD 法对 Ar-ICP 的宽频段散射参量进行数值计算，目的是充分了解电磁波在 n_e 存在连续空间梯度的 ICP 中的传播特性和特殊现象。

ZT-FDTD 模型采用 COMSOL Boltzmann 方程求解器、COMSOL 等离子体流体建模模块联合 MATLAB 平台建立完成，在 4.3 节中给出了各平台之间的数据交互关系，由 Boltzmann 方程求解器、COMSOL 平台提供不同放电条件下 ICP 的 n_e、v_m 的空间分布，在 MATLAB 平台中通过自行编写代码建立 ZT-FDTD 模型，如图 5.20 所示，数值模型中等离子体区域的几何尺度参考实验设置，为 8cm×20cm，在计算模型中不考虑腔体金属壁面对电磁波的反射，不考虑透波窗材料对电磁波传播的影响，线圈天线和金属板共同组成金属反射面，电磁波的激励源采取平面波源，波形采用高斯脉冲和单周期正弦脉冲。

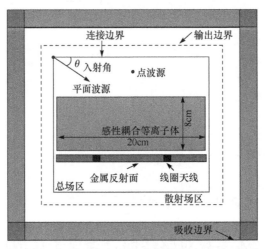

图 5.20　电磁波在 ICP 中的传播 ZT-FDTD 模型

　　Yee 元胞尺寸的定义和等离子体介电参数的选取是 COMSOL 和 MATLAB 平台之间数值交互需要重点考虑的问题，在 FDTD 法中，时域电磁波的采样点必须达到一定数量才能稳定地近似描述相关问题，元胞尺寸 Δx、Δy 的取值直接影响数值模型的计算精度，波长剖分过粗会导致差分近似后严重的各向异性现象，波长剖分过细会导致内存占用过大、处理速度过慢、浪费计算资源等问题，较为通用的原则是：在二维模型真空均匀介质中 Δx、Δy 和波长 λ 之间满足 $\Delta x, \Delta y < \lambda / 8$，在本模型中必须考虑等离子体相对介电参数($\varepsilon_p$、$\sigma_p$)变化对电磁波波长的影响，在高斯源中，波长选取脉冲频谱中最高频率对应的波长，考虑到 ICP 中 n_e 存在巨大的空间梯度差异，本次模型中将波长剖分为 60 份，即 $\Delta x = \Delta y = \lambda_{max} / 60$，高斯脉冲频谱中最大频率覆盖至 20GHz，据此，Δx 取值为 0.25mm，根据 Courant 稳定性条件有 $c\Delta t \leqslant \Delta x$，$\Delta t$ 的取值为 0.417ps。

　　由于 Maxwell 方程微分形式在介质参数的突变界面处会产生失效问题，在介电参数梯度剧烈变化的等离子体中，必须考虑在离散情况下相应的边界条件问题。对于处于不同介质边界的 Yee 元胞，位于介质面上的电场分量总是切向的，而磁场分量总是法向的，那么对于处于分界面上的 E、H 分量节点可引入等效电磁参量解决，等效方式的选取与 Yee 元胞的构成以及介质电磁参数离散时元胞代表点的选取有关，但 ICP 中 n_e 分布的连续变化导致大多数相邻元胞的介电参数都不相同，如果广泛采用等效方式获取元胞分界面上的电磁参数，会带来较为严重的误差。为了解决 Yee 元胞边界分界面上的介电参数和 COMSOL 平台中电磁参数采样点的协同问题，模型中直接对计算几何空间按照 Yee 元胞尺寸进行离散化得到所需的 Yee 元胞总数 $N×M$，如图 5.21 所示，COMSOL 平台中介电参数采样数量为 Yee 元胞总数的 4 倍，每一个 Yee 元胞中在 COMSOL 中对应 9 个采样点。

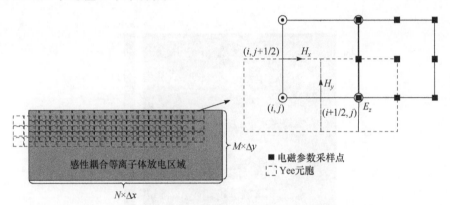

图 5.21　等离子体介电参数采样数量与 Yee 元胞总数的关系

元胞的介电参数选取中心点采样值，对于空气和等离子体等其他介质分界面的电磁参数采用等效方式，对于 TM 波，ε 和 σ 采取环绕 E_z 分量的四个相邻元胞介质电磁参数的平均值，而 μ 和 σ_m 则取 H_x 和 H_y 所在元胞棱边两侧的两个相邻元胞介质参数的平均值。

2. 感性耦合等离子体中反射率的定义

在一些有关等离子体反射系数的研究中，将等离子体近似为一种多层反射的复杂介质，通过递推和等效每层介质的反射系数，得到等离子体的总反射系数，但这种模式只适用于 n_e 一维变化的缓变介质，对于实际的等离子体放电源，其等效介电常数的变化具有两个显著特征：首先，n_e 的梯度函数在空间坐标系上是连续的，因此等离子体源的介电常数变化是连续的，不能用简单的缓变分层来近似；其次，n_e 的梯度函数只取决于等离子体源的放电参数和结构设计，对于轴对称放电系统，其 n_e 的分布用二维函数(θ, r)描述，对于非轴对称放电系统，其 n_e 的分布用三维函数 (x, y, z) 描述，这意味着反射波存在一定的空间差异，针对此问题，这里对低气压 Ar-ICP 中电磁波的反射现象进行分析。

　　首先考虑最简单的情况，单周期正弦波脉冲在低气压 Ar-ICP 中的传输和反射过程如图 5.22 所示，正弦波的波长为 3cm，正弦波波长与 ICP 的厚度之比为 2.67，入射角为 5°，等离子体的放电气压为 10mTorr，放电功率为 700W，n_e 的分布如图 5.22(a) 所示，为了区分等离子体反射波和金属板反射波，将放置于等离子体区域下方的金属反射板向下平移一个半波长的距离。

　　正弦脉冲进入等离子体的边界区域内，如图 5.22(b) 所示，由于边界区域的 n_e 较小，不产生强烈的反射现象，n_e 随着入射距离的增加而逐渐增大，入射波随

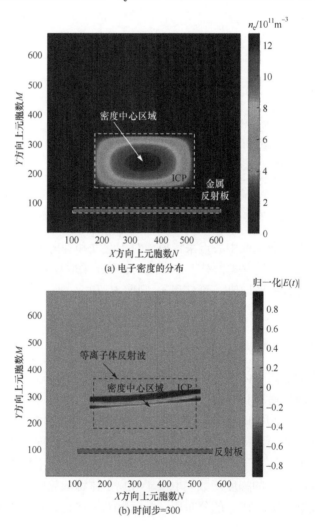

(a) 电子密度的分布

(b) 时间步=300

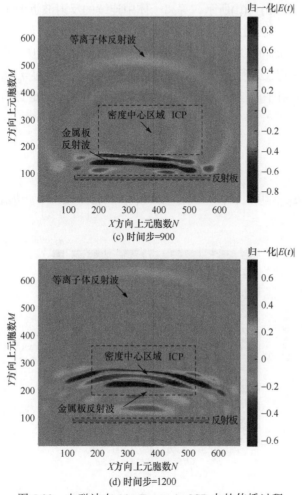

图 5.22　电磁波在 10mTorr、Ar-ICP 中的传播过程

着等离子体介电常数的变化不断发生反射，如图 5.22(c)所示，可以观察到在 ICP 中形成连续的反射波，低能量的反射波从 ICP 区域进入空气中，入射波的幅度被衰减，传播至金属板的电磁波发生反射再次进入等离子体，重复上述过程，总的反射波由两部分组成，如图 5.22(d)所示，并且波矢量的改变引起了波的连续小幅折射，反射波不再以平面波形式传播，等离子体中连续的反射波近似组成了一个点波源，点波源的中心和 n_e 峰值区域重合。

　　相同正弦波脉冲在 1Torr 的 Ar-ICP 中的传输和反射过程如图 5.23 所示，n_e 的分布如图 5.23(a)所示，高气压中 ICP 的厚度被压缩，n_e 的峰值区域偏离腔体中心并对称分布在腔体的横截面上，因此相比于低气压，高气压下的反射波更加复杂，如图 5.23(b)～(d)所示，等离子体中连续的反射波近似组成了两个点波源，造成反射波的复杂性的主要原因除了波矢量的变化，还包括入射平面波在路径 1、2 上的传输特性的差异。为了充分反映 ICP 对雷达波的衰减作用，本书对反射率 η_{Ref} 的定义进行了修正，η_{Ref} 定义为传播路径经过 n_{e} 峰值区的反射波的电场幅度与入射平面波电场幅度的比值，绝对衰减率 η_{Att} 定义为入射波能量减去反射波能量，即 $\eta_{\mathrm{Att}} = -\eta_{\mathrm{Ref}}$：

$$\eta_{\mathrm{Ref}} = 20\lg\left|\frac{E(\omega, z)}{E_0}\right| \tag{5.6}$$

$$\eta_{\mathrm{Att}} = 20\lg\left|\frac{E_0}{E_0}\right| - 20\lg\left|\frac{E(\omega, z)}{E_0}\right| = -20\lg\left|\frac{E(\omega, z)}{E_0}\right| = -\eta_{\mathrm{Ref}} \tag{5.7}$$

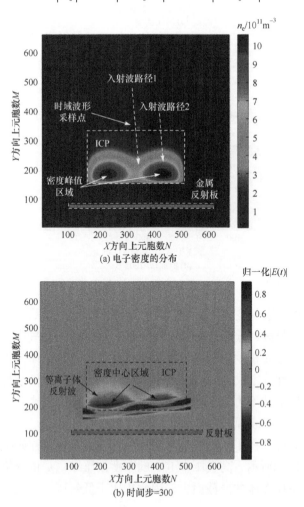

(a) 电子密度的分布

(b) 时间步=300

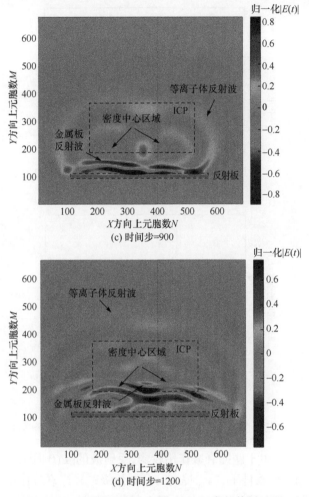

图 5.23　电磁波在 1Torr 的 Ar-ICP 中的传播过程

5.2.2　感性耦合等离子体反射率的计算结果分析

本节采用高斯脉冲计算 ICP 的反射率,入射角为 10°,图 5.24(a)和(b)给出了采样点在整个时间步周期内,高斯脉冲入射波和反射波的时域波形,纵坐标为归一化的电场强度幅值$|E(t)|$,对应的放电条件分别为 300W、10mTorr 和 700W、100mTorr,由于高斯脉冲时域宽度较小,腔体厚度和高斯脉冲宽度比接近 7,在时域中可以观察到 ICP 中存在多个反射波,随着波入射距离的增大,ICP 反射波的强度逐渐降低,这证实了增大等离子体厚度对衰减电磁波是有利的。

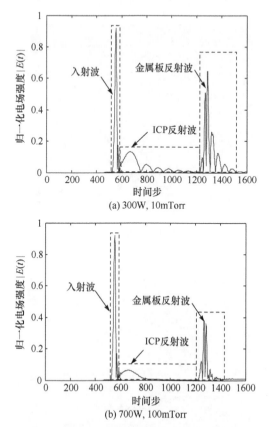

(a) 300W, 10mTorr

(b) 700W, 100mTorr

图 5.24　采样点在整个时间步周期内时域波形的归一化电场强度幅值|E(t)|

在 10mTorr 中，由于碰撞衰减作用较弱，反射波的| E(t) |明显高于 100mTorr，在 700W、100mTorr 条件下，ν_m 提高一个数量级，碰撞衰减作用增强，时域波形中的| E(t) |明显减小，图 5.25(a)给出了入射波在频域上| E(t) |的变化，图 5.25(b)和(c)是反射波在频域上| E(t) |的变化，分别对应图 5.24 的放电条件，可以看到整个频段内，等离子体对电磁波的衰减呈带状特点，当电磁波频率远低于ω_c时，等离子体的高通特性导致 Ar-ICP 对低频段电磁波主要以截止反射为主，衰减作用非常有限，而电磁波频率远高于ω_c时，电子无法响应电磁波的变化，无法产生极化现象，导致衰减作用较低。

ZT-FDTD 模型获得的 Ar-ICP 在 0.5～20GHz 频带上的反射率曲线如图 5.26 所示，图 5.26(a)～(c)分别对应 10mTorr、100mTorr 和 1Torr。10mTorr 中，ν_m 处于 10^8Hz 量级，ω_p 对应的电磁波频率处于 10GHz 量级，$\nu_m \ll \omega_p$。在 0.5～20GHz 频段，ICP 对入射电磁波的碰撞衰减效果总体较弱，衰减率集中

在 <10dB 的范围内。但在局部窄带内反射率较低，衰减率较高，反射率的谷值(即衰减率的峰值)随着功率的增大向高频方向移动，这是因为当入射电磁波的频率接近 ω_p 时，会产生较强的共振衰减作用。在低功率(<400W)下反射率谷

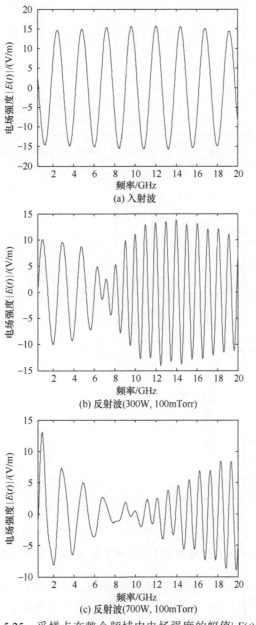

(a) 入射波

(b) 反射波(300W, 100mTorr)

(c) 反射波(700W, 100mTorr)

图 5.25 采样点在整个频域内电场强度的幅值 $|E(t)|$

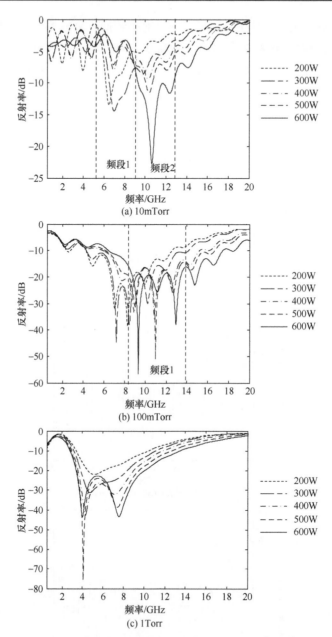

图 5.26　ZT-FDTD 模型获得不同气压下的 Ar-ICP 反射率随功率的变化

值区出现在 6.2～6.7GHz 频带，200W 功率下，在 6.2GHz 达到反射率局部极小值-13.2dB。在高功率(＞500W)下反射率谷值区出现在 10.1～10.9GHz 频带，600W 下在 10.6GHz 达到局部极小值-24.5dB，分析中，采用"主衰减频带"

和"主衰减带宽"描述反射率谷值点附近反射率快速降低的区域及其频带宽度，如图 5.26(a)所示，在衰减率曲线中相同。

当气压升至 100mTorr 时，ν_m 提高一个数量级，ICP 对入射波的碰撞衰减效果得到了提升，在 0.5～20GHz 频段，衰减率 > 10dB 的频带宽度大幅增加。在低功率(< 400W)下反射率谷值区出现在 6.7～8.9GHz 频带，平均衰减率达到 20.2dB，400W 下反射率在 7.4GHz 达到局部极小值–45.6dB，主衰减频带随着功率的升高向高频方向移动。在高功率(> 500W)下反射率谷值区出现在 9～13GHz 频带，600W 下在 9.7GHz 达到局部极小值–57.7dB，同时在主衰减带内曲线的波动特性被加强，即出现"振铃"现象[165]，分析认为由于腔体厚度和高斯脉冲宽度比接近 7，ICP 中存在多次反射现象，同时 ω_p 空间梯度的扩大加剧了反射波的复杂性，导致波动特性被加强。

在 1Torr 气压下，ν_m 升高至 10^{10}Hz 量级，ν_m 接近等离子体频率，衰减率在更宽的频域内得到进一步提高，在 0.5～20GHz 频段内，衰减率 > 20dB 的频带宽度大幅增加。在低功率(< 400W)下反射率曲线呈单衰减峰特征，反射谷值区出现在 3.9～5.7GHz 频带，300W 和 400W 中平均衰减率分别达到 15.1dB 和 21.3dB。随着功率增加至 500W 以上，反射率曲线出现多主衰减带特征，在 4.0～5.7GHz 和 6.3～9.8GHz 都存在反射率谷值区，600W 下反射率在 4.1GHz 和 7.9GHz 两个频点都达到局部极小值，在文献[166]中也观察到高 ν_m 等离子体对电磁波的多主衰减带特性。另外观察到高气压中反射率曲线在整个频域范围内更加平滑，分析认为高气压下 ICP 的轴向厚度被压缩，在 6.1 节中对薄层 ICP 的研究也证实厚度的缩小可以减少"振铃"现象。

O_2-ICP 的反射率曲线如图 5.27(a)～(c)所示。10mTorr 气压下，和同气压 Ar 放电相比，由于 O_2-ICP 的 n_e 大幅降低，对应的等离子体频率降低至 < 6.3GHz 范围内，在 0.5～20GHz 频段，衰减率基本小于 10dB。在低功率(< 400W)下反射率谷值区出现在 4.9～5.3GHz 频带，平均衰减率达到 6.1dB，400W 下反射率在 5.5GHz 达到局部极小值–7.9dB，主衰减频带随着功率的升高向高频方向移动。在高功率(> 600W)下反射率谷值区出现在 6.3～6.9GHz 频带，700W 下在 6.5GHz 达到局部极小值–14.7dB，由于 ν_m 较低，反射率曲线总体上呈低衰减特征，但共振衰减的存在导致较窄的频段内产生剧烈的衰减。

当气压上升至 100mTorr 时，O_2-ICP 的 n_e 小幅下降，此时 ν_m 接近 ω_p，和 10mTorr 相比，反射率谷值区向低频方向移动，在低频区(1.9～6.3GHz)的碰撞衰减效果得到增强。在 700W，反射率谷值频点移动至 4.8GHz，但由于吸波频

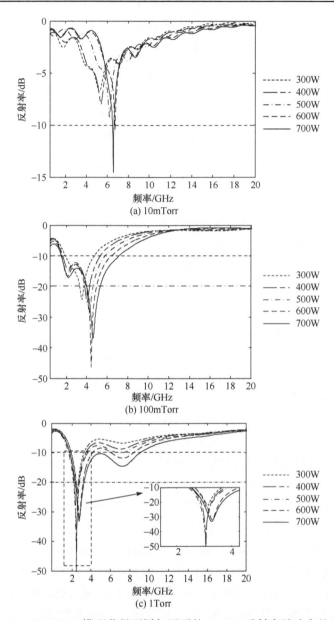

图 5.27　ZT-FDTD 模型获得不同气压下的 O_2-ICP 反射率随功率的变化

带的扩宽，5.5GHz 处的反射率仍达到−18.3dB。当气压升高至 1Torr 时，O_2-ICP 的 n_e 继续下降但在核心区更加均匀，而 ν_m 增大约一个数量级，此时 $\nu_m > \omega_p$，ν_m 在入射波的衰减中成为更加主导的因素。和 100mTorr 相比，1Torr 中对于更低频带(0.9~3.5GHz)电磁波的衰减更为有效，在 700W 时，反射率谷值对应的频点为 3.2GHz，反射率局部极小值达到-32.2dB，但主衰减带宽没有随 ν_m 的增大而扩大，原因是均匀分布会导致主衰减频带的减小。

不同 η_{O_2} 条件下反射率曲线如图 5.28(a)~(c)所示，功率为 700W。10mTorr

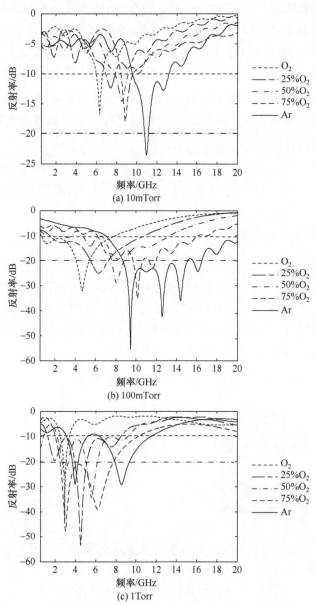

图 5.28　ZT-FDTD 模型中反射率曲线随 η_{O_2} 的变化(功率 700W)

中，随着 η_{O_2} 的不断升高，n_e 快速降低，而 ν_m 略微上升且 $\nu_m \ll \omega_p$，衰减峰对应的频点从 10.6GHz 移动至 6.4GHz，由于 ν_m 较小，在 0.5～20GHz 频段内，衰减率集中在 <10dB 的范围内，整体看反射率曲线呈共振衰减特征，在窄带内出现较为强烈的衰减峰。在 100mTorr 时，随着 η_{O_2} 的升高，n_e 快速降低，导致反射率曲线的谷值向低频方向快速移动，衰减峰对应的频点从 9.7GHz 移动至 4.8GHz，O_2-ICP 和 Ar-ICP 的反射率曲线在 7.9GHz 频点出现交叉，ICP 沿入射路径的厚度随 η_{O_2} 的增大不断被压缩，反射率的波动特征被减弱，曲线更加平滑。当气压升高至 1Torr 时，反射率的主衰减频带整体向低频方向移动，由于 ICP 的厚度被显著压缩而在核心区的 n_e 均匀性得到提高，主衰减带宽随 η_{O_2} 的增大呈不断减小的趋势。

5.3　感性耦合等离子体衰减率测量实验分析

5.3.1　实验安排和测量原理

本节开展实验获得不同放电条件下 ICP 的衰减率，图 5.29 为反射率测试系统示意图，测量系统参照 GJB 2038—1994《雷达吸波材料反射率测试方法》[167] 中提供的雷达吸波材料反射率测试法进行搭建，系统的实验场所为小型微波暗箱，主要仪器包括微波矢量网络分析仪、标准增益喇叭天线、标准样板 (20cm×20cm)、角锥型吸波材料和天线支架。

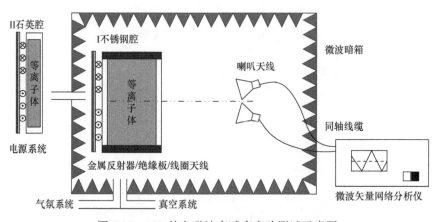

图 5.29　ICP 的电磁波衰减率实验测试示意图

金属反射板放置于 ICP 平面线圈后方，金属板与平面线圈中间利用绝缘板隔开防止接触，喇叭天线的端面与 ICP 发生器的表面最小距离为 242cm，可以满足天线发射距离大于 10 个波长的远场基本条件，在实验过程中，通过调节功率、气压、工作气体等外部放电条件控制等离子体的参数。本实验中影响实验测量的主要因素有两个：①ICP 放电设备及其附加设备会产生一定的背景干扰；②金属腔的厚度为 8cm，入射电磁波会在金属壁面产生复杂的反射。为了解决上述问题带来的影响，采取了三个措施予以解决：①在实验器材的金属外壳贴附吸波材料，降低背景辐射；②使用微波矢量网络分析仪的时间门功能，利用传播距离门限，滤除多次壁面反射对反射波的影响；③采用相对衰减率替代反射率(式(5.8))，通过直接对比等离子体产生前后 S_{12} 变化获得相对双程衰减率，可以最大限度地对消背景对反射率测量带来的干扰。相对双程衰减率 η_{Att} 如下：

$$\eta_{\mathrm{Att}} = 20\lg\left|\frac{E_{\mathrm{Ref\text{-}without\text{-}plasma}}(\omega,z)}{E_0}\right| - 20\lg\left|\frac{E_{\mathrm{Ref\text{-}with\text{-}plasma}}(\omega,z)}{E_0}\right| \tag{5.8}$$

5.3.2　测量结果与对比分析

根据 3 组喇叭天线的工作频段对衰减率进行分段测量，入射角为 10°。

Ar-ICP 衰减率实验测量结果如图 5.30(a)～(c)所示。在 10mTorr 气压下，在实验曲线中可以观察到窄带衰减峰，主衰减频带随着功率的增加向高频方向移动，在 300W、500W 和 700W 功率下对应的主衰减频带为 5.41～5.63GHz、6.37～6.59GHz 和 6.75～6.91GHz，平均主衰减带宽为 0.2GHz，衰减率峰值低于 13dB。随着气压升高至 100mTorr，在 9～11GHz 频段内衰减率整体增大，700W 下衰减率曲线整体提升至 5.0dB 以上，衰减峰值向高频区移动至 9.5～10.5GHz，主衰减带宽得到一定程度的扩大，在 300W、500W 和 700W 功率下对应的主衰减频带为 9.78～10.25GHz、10.01～10.45GHz 和 10.07～10.49GHz，平均主衰减带宽为 0.45GHz，衰减峰值分别达到 10.7dB、21.3dB、29.5dB，分析原因认为：一方面功率增大提高了响应频率；另一方面高频段的波长减小，相对增加了波在等离子体中传输的距离。随着气压升高至 1Torr，在 5～7GHz 频段，衰减率随着功率的增大整体提高，主衰减带宽继续小幅扩大，在 300W、500W 和 700W 功率下对应的衰减频带为 5.80～6.37GHz、5.93～6.41GHz 和 6.0～6.51GHz，平均主衰减带宽为 0.52GHz，衰减峰值分别达到 7.5dB、15.1dB 和 27.1dB，实验结果表明增大 ν_{m} 对提高衰减效果有重要的作用。

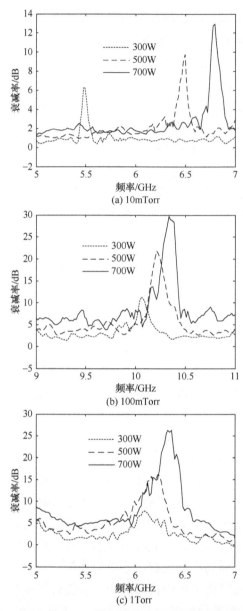

图 5.30　实验测量不同气压下 Ar-ICP 衰减率随功率的变化

O_2-ICP 衰减率测量结果如图 5.31(a)～(c)所示。在 10mTorr 条件下，ICP 对电磁波表现出较为明显的共振衰减特征，在 2～4GHz 频段，衰减率整体较低，仅在共振频率附近有较强的窄带衰减效果，衰减峰随着功率的增加向高频方向移动,在 300W、500W 和 700W 功率下,主衰减频带为 2.95～3.15GHz、

3.39～3.61GHz 和 3.61～3.79GHz，主衰减带宽平均为 0.20GHz，衰减率峰值低于 9.5dB。气压上升至 100mTorr 后，在 2～4GHz 频段内衰减率整体提升，n_e 的降低导致衰减峰向低频区移动，主衰减带宽扩大且衰减率迅速增加，在 300W、500W 和 700W 功率下，衰减频带为 2.65～3.09GHz、2.76～3.23GHz 和 3.03～

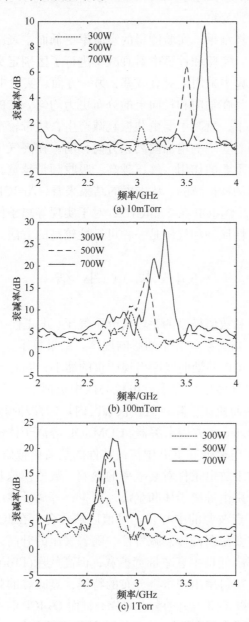

图 5.31　实验测量不同气压下 O₂-ICP 衰减率随功率的变化

3.47GHz，主衰减带宽平均为 0.45GHz，衰减峰值分别达到 8.7dB、17.2dB、28.1dB。在 1Torr 气压下，随着 ν_m 的增大，在 2～4GHz 频段内衰减率整体得到提升，700W 中平均衰减率大于 5dB，主衰减频带移动至更低频率 2.59～2.91GHz，主衰减带宽平均为 0.33GHz，分析是由于高气压下 n_e 分布更加均匀，导致主衰减频带变窄。

相比于数值计算结果，实验测得的衰减率更低而主衰减频带明显更窄，分析原因：一方面，实验和计算中对衰减率进行了区别定义，测量采用的是相对衰减率，而计算中采用绝对衰减率；另一方面，实验中 ICP 的 n_e 明显低于流体模型结果，且在轴向和径向上的分布更为均匀。ICP 对电磁波呈带状衰减特征，低气压下，衰减主要由共振衰减产生，频带较窄且集中在共振频率附近，衰减峰随着功率的增加向高频方向移动，在高气压下，碰撞衰减在波的衰减中发挥更重要的作用，气压越高，吸收频带越宽，但衰减峰随功率变化在频域上的移动特征减弱。从本书的结果来看，Ar-ICP 的主衰减频带集中在 5～11GHz，而 O_2-ICP 在 2～4GHz，对于实现等离子体的宽带隐身、调节放电气体的电负性比例和气压是一种可行性较高的方法。

5.4　本章小结

本章通过实验和数值模型的手段研究了气压、电正性/电负性、功率等外部条件对 ICP 的 n_e 和 T_e 空间分布的影响规律。结果显示，在电正性气体中，随着气压的升高，ICP 的轴向厚度出现严重的缩小，同时 n_e 空间梯度变化更加剧烈；在电负性气体中，由于放电核心区中负离子的大量存在，n_e 随着 O_2 摩尔分数的升高而快速下降，但在核心区内均匀性却得到显著提高。

本章利用 Boltzmann 方程求解器、COMSOL 等离子体流体建模模块联合 ZT-FDTD 法开展了电磁波在 ICP 中传播特性的数值模拟研究，并通过实验测量了不同气体参数下放电条件对衰减率的影响。数值模拟观察到总的反射波由两部分组成，分别由等离子体和金属板产生，等离子体中连续的反射波近似组成了点波源，点波源的中心和 n_e 峰值区域重合；在低气压条件下，ICP 对电磁波的衰减主要呈弱碰撞衰减特性，随着气压的升高，碰撞衰减的效果迅速增强，反射率降低且主衰减带宽扩宽，但高气压(1Torr)下，等离子体的轴向厚度被压缩，反射率出现指数分布的特征，衰减峰的频段远小于截止频率，Ar-ICP 的主衰减频带集中在 5～11GHz，而 O_2-ICP 的主衰减频带集中在 2～4GHz。

第 6 章　腔体厚度对感性耦合等离子体电磁散射参量的影响研究

透波腔等离子体应用于吸收雷达波时，腔体越薄越有利于在飞行器机体表面等特殊部位的安装使用。对于飞行器局部，尤其是机体表面或进气道内部的等离子体隐身，薄层/夹层式的透波腔 ICP 放电技术具有较大的工程应用潜力。但腔体的几何尺寸和腔壁材料[168]是影响等离子体放电特性的重要外部条件，同时腔体的厚度直接决定雷达波在等离子体中的传输距离，厚度减小会降低等离子体对电磁波的衰减效果。因此，本章研究腔体厚度对 ICP 放电特性和电磁散射参量的影响。

6.1　腔体厚度对感性耦合等离子体参数空间分布的影响研究

本节首先建立流体力学模型研究不同腔体厚度对 ICP 参数空间分布的影响，腔体厚度选取 4cm、3cm、2cm，放电气体为 Ar，放电气压为 10mTorr、100mTorr、500mTorr、1Torr 和 1.5Torr，放电功率为 300~700W，其他放电条件不变。图 6.1(a)~(c)给出了 10mTorr 条件下腔体厚度改变对 n_e 分布的影响。当 ICP 腔体厚度从 8cm 减小至 4cm 时，n_e 的峰值区域开始偏离腔体中心，并且偏移距离随着腔体厚度的减小不断增大，当腔体厚度减小至 2cm 时，n_e 的峰值区移动至线圈天线的正上方区域，在相同功率下，n_e 随着腔体厚度的减小而增大。

分析认为，在 10mTorr 气压条件下，等离子体已经脱离了 Langmuir 状态，随机加热在功率吸收模式中占主导地位，根据式(4.4)，可估算出射频天线在石英窗附近的趋肤深度 $\delta_p \approx 0.91\text{cm}$，由于电磁屏蔽效应，在趋肤层上方的区域内射频电场强度很小，相比之下，腔体轴心处($r=0\text{m}$)的射频电场随着腔体厚度的减小而增强，所以双极性电势的峰值区域向趋肤层上方区域移动，n_e 的中心区域随厚度的减小不断偏离腔体中心，而电子在趋肤层内得到加热，并被反弹回主等离子体区域，因此趋肤层内 n_e 较低。

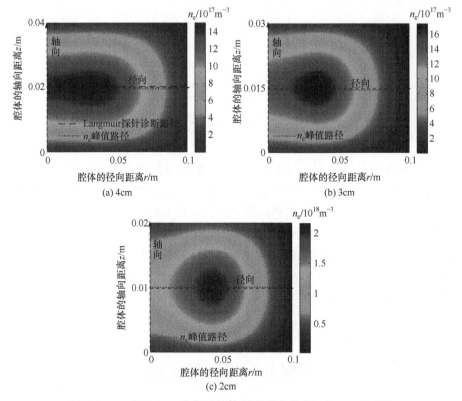

图 6.1　z-r 截面上 n_e 分布随腔体厚度的变化(10mTorr，700W)

　　图 6.2(a)~(d)给出了 1Torr 气压下厚度改变对 n_e 分布的影响。在高气压中碰撞加热是主导的加热过程，那么趋肤深度 δ_c 可以利用式(4.5)予以求解，$\delta_c \approx 0.24cm$，电子-中性粒子平均自由程 λ_e 约为 0.04cm，此时等离子体的扩散受气相碰撞的约束。当腔体厚度减小至 4cm 时，等离子体在 z-r 截面上近似呈椭圆形分层结构，在三维上呈环状结构，根据 4.2.1 节，由于等离子体的电磁屏蔽作用，双极性电势的峰值区域移动至平面天线的上方，n_e 峰值区域也偏移至天线的上方，并且随着腔体厚度的减小这种环状属性更加明显。通过对比图 6.2(c)和(d)，在厚度固定的情况下，通过增大功率可以增大环状等离子体区域的径向宽度，这是由于随着功率的增加，天线的感应磁场强度明显增强，根据 4.1.1 节的分析结果可知，能量的注入区域径向宽度增大，当功率增大时，n_e 的峰值区域向壁面处移动。

　　为了更直观地对比腔体厚度变化对 n_e 分布的影响，本节开展不同厚度透波腔中 Ar-ICP 放电实验，不锈钢腔的厚度为 4cm，石英腔的厚度为 4cm、2cm，具体设计详见 4.2.3 节，针对不锈钢型腔体采用 Langmuir 探针对径向的 n_e、

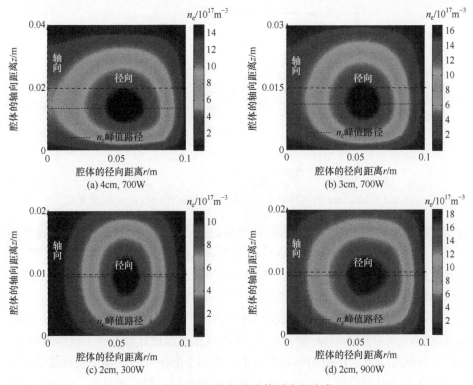

图 6.2　$z\text{-}r$ 截面上 n_e 分布随腔体厚度的变化(1Torr)

T_e 分布进行诊断，针对石英腔采用微波干涉透射法诊断 n_e，详见 6.2 节。实验中观察到随着腔体厚度减小和气压升高，ICP 放电形态产生显著变化，主要表现为腔体越薄，气压越高，等离子体的环状特征越明显，并且环状等离子体的径向宽度随功率的增大而扩宽，和流体模型预测的等离子体形态变化趋势一致。

图 6.3(a)和(b)给出了 10mTorr 气压、不同腔体厚度条件(8cm/4cm)下径向 n_e 数

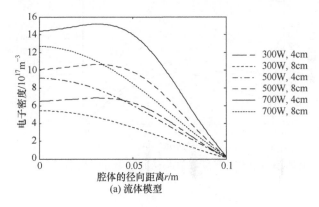

(a) 流体模型

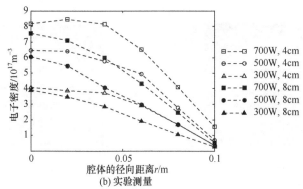

(b) 实验测量

图 6.3　10mTorr 中不同腔体厚度条件下(8cm/4cm)径向 n_e 结果对比

值计算和实验诊断的对比，随着腔体厚度的减小，n_e 得到有效提高，这是因为腔体体积的减小导致相同放电功率下，单位体积 ICP 获取的电源能量更多，其峰值 n_e 从 $9.56 \times 10^{17} m^{-3}$ 提高至 $1.47 \times 10^{18} m^{-3}$，Langmuir 探针的诊断结果小于流体模型，但 n_e 径向变化趋势较为一致。

图 6.4 给出了流体模型中金属腔不同气压条件下径向 n_e 的结果，厚度为 4cm，功率 700W，n_e 在 100mTorr 达到最大，表明气压过高过低都不利于获得高的 n_e，分析认为低气压下，碰撞加热效果较小，不利于电子从加热场中获得能量，导致电离率难以得到提高，而高气压下单位体积内粒子数密度过高，弛豫时间过小，n_e 不能持续获得提高。图 6.5(a)和(b)给出了不同厚度腔体中径向 n_e 数值计算结果的对比，结果显示 n_e 随着腔体厚度的降低而增大，同时主等离子体区域有向腔体壁面偏移的趋势。图 6.6(a)和(b)给出了不同厚度石英腔(4cm/2cm)的干涉波路径上的平均 n_e 测量结果。

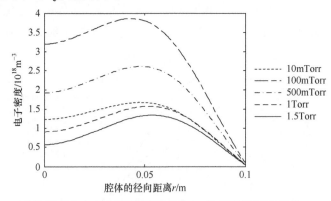

图 6.4　流体模型中电子密度峰值路径上 n_e 分布随气压的变化(4cm 厚度)

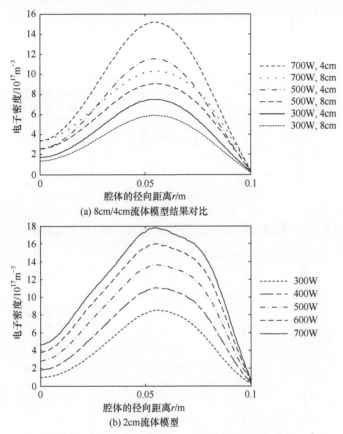

(a) 8cm/4cm流体模型结果对比

(b) 2cm流体模型

图 6.5　1Torr 气压下径向 n_e 分布随腔体厚度变化

功率对 T_e 分布的影响较小,利用 Langmuir 探针诊断了 4cm 厚腔体中 T_e 受功率和气压的影响,结果如图 6.7 所示,测量点为(r=0.05m,z=0.015m),放

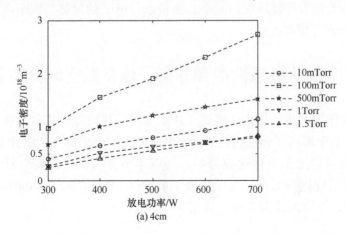

(a) 4cm

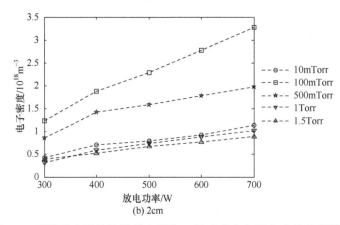

图 6.6　石英腔内干涉波路径上平均 n_e 随功率和气压变化的诊断结果

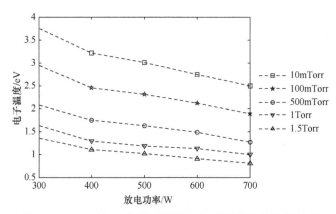

图 6.7　4cm 厚金属腔中 T_e 随气压和功率变化的诊断结果

电功率为 700W，与图 5.19 中 8cm 进行对比，4cm 腔体中 T_e 有增高的趋势，分析原因认为随着腔体厚度的减小，测量点与电子的加热场区距离更小，因此测量得到的 T_e 更高。

6.2　空气薄层感性耦合等离子体参数空间分布研究

将空气作为工质气体用于等离子体隐身时，可以降低气氛系统中的管路复杂度，有利于等离子体隐身技术的工程实现，但由于空气的组分十分复杂，难以开展一维以上的流体建模分析，所以本节开展相应的实验对空气薄层ICP 的放电特性进行研究，气压选择 10mTorr、100mTorr、500mTorr、1Torr和 1.25Torr，线圈天线为 3 匝，其他参数不变。

空气-ICP 的放电实验图如图 6.8 所示，石英腔厚度为 2cm，其放电过程分为两个典型阶段。第一阶段为容性放电，在 10mTorr 条件下，当放电功率增加至 30W 时，腔室内开始起辉，腔体的起辉功率随着气压的上升而增大。在容性模式中，产生稀薄的等离子体不均匀地充满整个腔体，并且随着功率

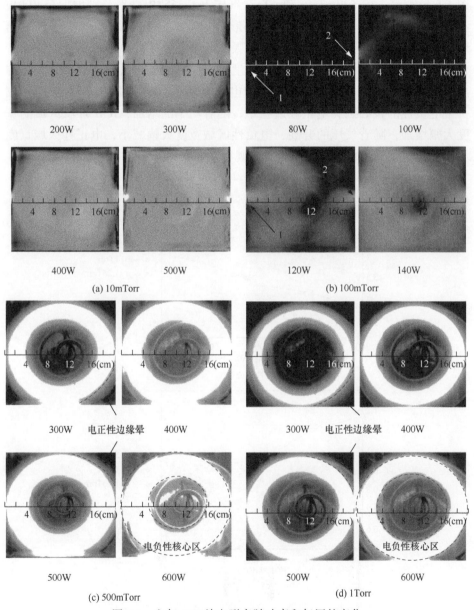

图 6.8　空气-ICP 放电形态随功率和气压的变化

的增加,其亮度缓慢增强,此时 ICP 由耦合在不锈钢抽气法兰接口处(图 6.8(b)
中 1、2 点位置)的容性高压和线圈间的电势差驱动, 如图 6.8(a)所示。

　　第二阶段为 H 模式放电, 在 100mTorr 气压下, 当功率增加至 120W 时,
亮度出现跳变式增强, 明亮的等离子体近似均匀地扩散至整个腔体, 如
图 6.8(b)所示。在 500mTorr 和 1Torr 气压下, 当放电功率分别增加至 190W
和 230W 时, 等离子体形态快速向环形转变, 如图 6.8(c)和(d)所示, 亮度出
现跳变式增强, 受高气压下扩散和射频电场限制, ICP 不能充满整个腔体,
在腔体内形成稳定的环状 ICP, 其厚度小于腔体厚度, 射频电场不能穿透等
离子体区域, 此时 ICP 由线圈的感应电场驱动。ICP 的结构出现分层, 形成
一个电负性的核心区和电正性边缘晕, 随着功率的增加, ICP 环状区域的宽
度大幅增加, 随着气压的升高, 电负性区域宽度大幅减小, 电正性区域宽度
小幅增加, 如图 6.9 所示, 本实验中观察到石英腔 ICP 的放电形态随腔体厚

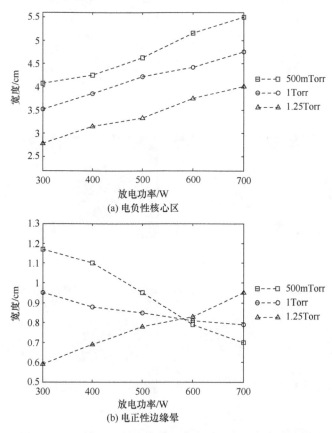

图 6.9　ICP 核心区和边缘晕的宽度随功率及气压的变化

度、功率和气压的变化和 6.1 节流体模型预测的变化趋势吻合，下面给出理论分析。

在高气压空气-ICP 中含有大量 O 负离子，此时粒子的扩散主要受双极性电场的约束[169]，电负性气体的双极性扩散系数为

$$D_a = \gamma D_+ \frac{1 + \gamma^{-1} + 2\alpha}{1 + \gamma\alpha} \tag{6.1}$$

其中，$\gamma = T_e / T_-$；电负性参数 $\alpha = n_- / n_e$；γD_+ 为不含负离子时的电正性气体的双极性扩散系数，在低温等离子体中有 $\gamma \gg 1$。在 ICP 核心区内，由于存在较高的离子密度，式(6.1)可近似为 $D_a \approx 2D_+ \ll \gamma D_+$，意味着负离子的存在大幅度降低了扩散，增强了等离子的约束特性。上述两个原因，导致实验中观察到的空气-ICP 呈环状。主等离子体区域的宽度和厚度随功率的增加而增加，主要是由于射频电场的增强导致趋肤层宽度变大，天线上方的角向电场 $\tilde{E}_\theta$ 随功率增大，加热场区的电子能量升高可以促使核心区宽度变宽。

离子密度随着扩散而不断减小，当 α 减小至 $1/\gamma < \alpha < 1$ 范围内时，在核心区的边界出现过渡区，根据式(6.1)，扩散系数从 $2D_+$ 快速过渡至 γD_+，而电负性核心区和电正性边缘晕交界处离子流的变化却是连续的，导致等离子体结构出现明显分层，分为电负性核心区和电正性边缘晕，气压升高导致等离子体形态发生显著变化的原因已经在第 5 章中进行了详细讨论。

实验中线极化电磁波穿过 ICP 区域的传输路径如图 6.10 所示，根据第 5 章对电负性等离子体中 n_e 的分布可知，在空气-ICP 的电负性核心区有均匀且较高的 n_e，而电正性边缘晕内的 n_e 衰减很快。因此，矢量分析仪测量的相移差 $\Delta\phi$ 主要是由核心区 n_e 引起的，相比之下，电正性边缘晕引起的相移可以忽略，那么核心区 n_e 可以直接采用 3.2.1 节中的透射相位测量法进行诊断，实验示意图如图 6.10 所示，由于薄层等离子体的轴向尺度较小，为了防止金属线圈等背景对诊断产生干扰，采用平面吸波挡板进行屏蔽，为了降低背景杂波对反射带来的干扰，一方面采用时间门限系统，另一方面在接收天线后方布置吸波材料。

不同厚度腔体中空气-ICP 的 n_e 随功率和气压的变化如图 6.11 所示，在 10mTorr、700W 时，4cm 腔 n_e 达到最大值 $5.5 \times 10^{17} \mathrm{m}^{-3}$，2cm 腔 n_e 达到最大值 $6.9 \times 10^{17} \mathrm{m}^{-3}$，$n_e$ 随着气压的升高呈明显下降趋势，而随着腔体厚度的减小有明显上升的趋势。采用发射光谱法对空气-ICP 的 T_{exc} 进行诊断，为了提高发射谱线斜率法对 ICP 核心区 T_{exc} 诊断的准确性，在空气中混入 15%的 Ar，

诊断结果如图 6.12 所示，曲线显示 T_{exc} 随功率和气压的增加而减小，随厚度的增加也减小。

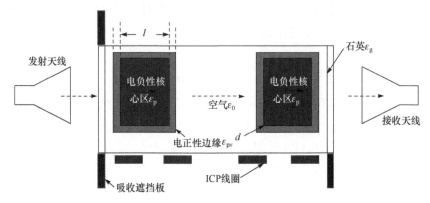

图 6.10 线极化电磁波穿过 ICP 区域传输路径模型

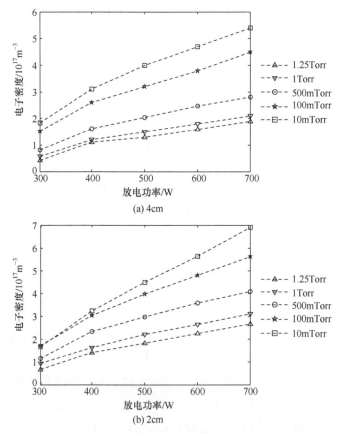

(a) 4cm

(b) 2cm

图 6.11 空气-ICP 核心区 n_e 随功率和气压的变化图

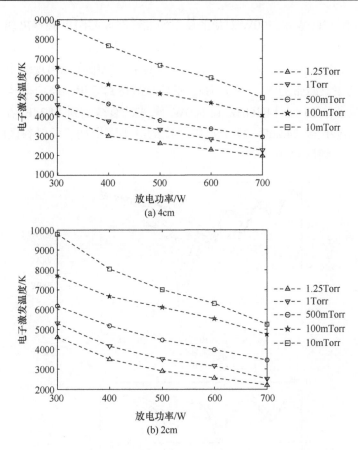

图 6.12　空气-ICP 核心区 T_{exc} 随功率和气压的变化曲线

6.3　反射率计算与测量结果的对比分析

本节利用相应的数值计算模型和实验测量获取厚度对 ICP 反射率、衰减率的影响，数值计算模型和实验系统见 5.2.1 节和 5.3.1 节。

图 6.13(a)和(b)给出了 100mTorr 气压下，反射率随腔体厚度下降至 4cm 和 2cm 的计算结果，结果显示主衰减带宽和衰减峰值(即反射谷值)随厚度减小出现了缩小和下降。由于低频区电磁波的波长较大，厚度的减小首先是对低频区的电磁波衰减产生影响，当厚度减小至 4cm 时，低频段(<10GHz)内的主衰减带宽出现缩小，反射率大幅增大，低功率(<400W)的衰减集中在 6.1～9.3GHz，平均衰减达到 12.2dB，高功率(>500W)对应的主衰减带为 11.5～13.4GHz，在 700W 功率下，平均衰减达到 20.2dB，反射率在 12.2GHz 达到极

小值-34.1dB，300W 和 700W 对应的反射率曲线在 8.93GHz 频点出现交叉。当厚度减小至 2cm 时，在 0.5～20GHz 的频段，衰减效果总体呈下降趋势，反射率集中在-10dB 以下，高频段(> 10GHz)内的主衰减带宽也出现缩小，低功率(< 400W)的主衰减带为 8.1～9.4GHz，平均衰减达到 7dB，高功率(> 500W)对应的主衰减带在 13.1～14.3GHz，在 600W 下，平均衰减达到 14.2dB，在 13.5GHz反射率达到极小值-24.2dB。由于 n_e 随厚度的减小而增加，反射谷区随着厚度的减小向更高频段移动。

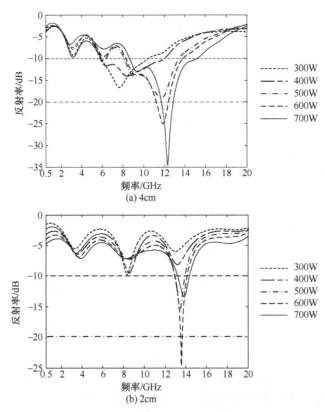

图 6.13　100mTorr 条件下 Ar-ICP 反射率随腔体厚度的变化

图 6.14(a)和(b)给出了 1Torr 气压下反射率随腔体厚度变化的计算结果。由于 ν_m 提升约一个数量级，在整个频段上衰减效果增强，在 4cm 厚度中，低功率(< 400W)下电磁波主要在低频区得到响应，反射率谷值出现在3.5～4.1GHz频带，平均衰减率达到 15.6dB；在高功率中，ICP 对低频区电磁波的反射特性增强，对高频区中出现衰减加剧的趋势，功率大于 500W 时，反射率的谷值移

动至 5.0～8.9GHz 频带，主衰减带内的平均衰减率达到 19.1dB。在薄层腔体中(2cm)，由于 n_e 的提高，反射率谷值区整体向高频方向移动，在低频区和高频区的多主衰减带特征更加清晰，在低功率下对低频窄带(4.2～5.2GHz)的衰减效果更好，300W 下在 4.76GHz 频点上达到-38.2dB，高功率对高频区(8.5～11.3GHz)衰减效果好，700W 下在 9.91GHz 频点上达到-17.1dB，并且主衰减带不随功率的变化而移动，分析认为在高气压(高碰撞)下，ω_p 随功率的增长幅度相对 ν_m 较小，导致衰减峰几乎不随功率的增加而移动，文献[170]中也观察到这一特征。另外，随着 ICP 厚度的缩小，反射率曲线的波动特性被削弱，分析原因当腔体厚度与时域高斯脉冲的宽度之比缩小后，反射波的复杂性随之降低，反射率曲线更为平滑。

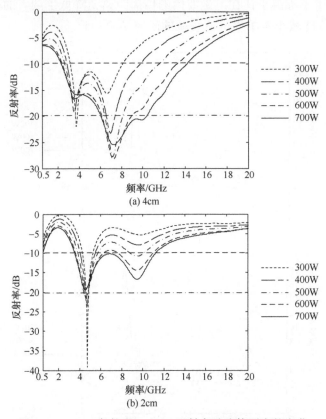

图 6.14　1Torr 条件下 Ar-ICP 反射率随腔体厚度的变化

100mTorr 气压下，石英玻璃腔 Ar-ICP 衰减率随腔体厚度变化的实验测量结果如图 6.15(a)和(b)所示，入射角为 10°。当厚度降低至 4cm 时，在 300W、

500W 和 700W 功率下对应的主衰减频带为 9.91~10.21GHz、10.15~10.39GHz 和 10.30~10.53GHz，平均主衰减带宽为 0.257GHz，衰减峰值分别达到 6.8dB、17.3dB、27.4dB。分析认为根据 2.3 节的计算结果，在 $\nu_{\rm m}$ 不变的情况下，随着功率的升高，$n_{\rm e}$ 的提高可以显著增加衰减率，在 9~11GHz 频带，衰减率随功率的增加呈上升趋势。

当厚度减少至 2cm 时，衰减率和主衰减带宽同时明显减小，衰减率曲线在 9.0~9.5GHz、10.3~10.8GHz 频段出现局部极大值点，在 10.3~10.8GHz 频带的衰减峰值更高，300W、500W 和 700W 功率下对应的主衰减频带为 10.45~10.56GHz、10.43~10.62GHz 和 10.53~10.70GHz，平均主衰减带宽为 0.157GHz，衰减峰值分别达到 5.2dB、11.9dB、18.0dB，分析认为厚度的缩短直接减少了等离子体在电磁波内的传播距离，降低了两者的相互作用，和 2.3 节对厚度减小对单程微波衰减的研究结论一致。

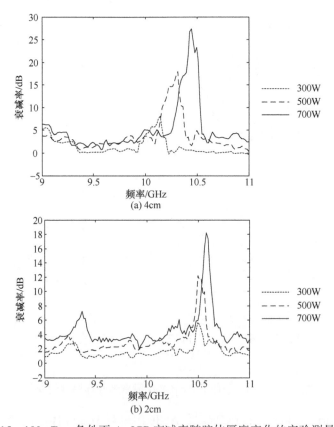

图 6.15　100mTorr 条件下 Ar-ICP 衰减率随腔体厚度变化的实验测量结果

气压增加至 1Torr 时，在 5～7GHz 频带，衰减率随功率的升高呈整体增大趋势，在 4cm 和 2cm 腔体厚度下的主衰减带宽得到小幅扩大，平均衰减值增大，如图 6.16(a)和(b)所示。在 4cm 下，300W、500W 和 700W 功率对应的主衰减频带为 6.25～6.61GHz、6.24～6.69GHz 和 6.37～6.70GHz，平均主衰减带宽为 0.38GHz，衰减峰值分别达到 7.1dB、16.9dB、23.4dB；在 2cm 下，衰减率曲线在 5.5～5.7GHz 和 6.6～6.8GHz 中都出现了局部衰减峰，300W、500W 和 700W 功率下在 6.6～6.8GHz 频带内对应的衰减峰值分别达到 4.2dB、12.6dB、17.7dB，ν_m 增大对主衰减带宽的提升作用在一定程度上弥补了厚度减小造成的主衰减带宽的减小，实验测量和理论计算结果的差异分析详见5.3.2 节。

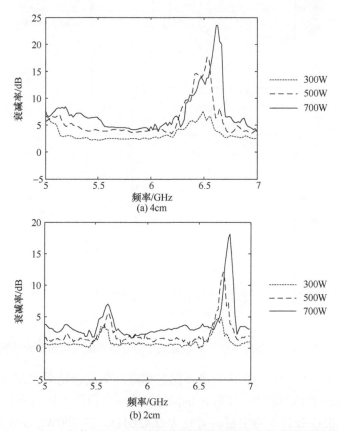

图 6.16　1Torr 条件下 Ar-ICP 衰减率随腔体厚度变化的实验测量结果

在 100mTorr 时，空气-ICP 衰减率随腔体厚度的测量结果如图 6.17(a)和(b)所示，4cm 腔体厚度下，空气-ICP 的衰减峰对应的频率高于 O_2-ICP，在 300W、

500W 和 700W 功率下对应的主衰减频带为 4.81～5.16GHz、4.89～5.20GHz
和 4.98～5.21GHz，平均主衰减带宽为 0.297GHz，衰减峰值分别达到 4.9dB、
14.6dB、22.1dB；腔体厚度减小至 2cm 后，衰减峰略向高频方向移动，但主
衰减带宽出现了明显的缩小，主衰减频带集中在 5.45～5.75GHz，平均主衰
减带宽仅为 0.21GHz，在 300W、500W 和 700W 功率下，衰减峰值分别达到
7.1dB、15.1dB、18.9dB。

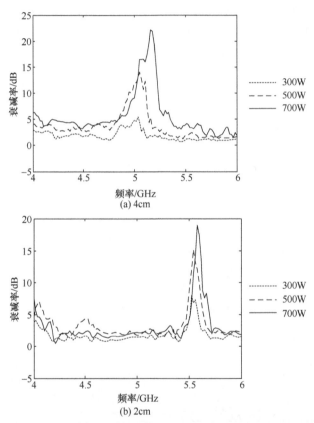

图 6.17　100mTorr 条件下空气-ICP 衰减率随腔体厚度变化的实验测量结果

　　1Torr 气压下，空气-ICP 衰减率随腔体厚度的测量结果如图 6.18(a)和(b)
所示，在 4cm 腔体厚度下，随着 n_e 的降低，衰减谷值区整体向低频方向移动，
至 3.75～4.35GHz，平均主衰减带宽为 0.43GHz，在 300W、500W 和 700W
功率下，衰减峰值分别达到 6.7dB、17.7dB、22.5dB。在 2cm 腔体厚度下，
衰减率曲线在 3.41～3.57GHz 和 4.57～4.81GHz 出现了局部的衰减峰，平均
主衰减带宽为 0.20GHz，在 300W、500W 和 700W 功率下，衰减峰值分别达

到 6.1dB、13.3dB、18.7dB。

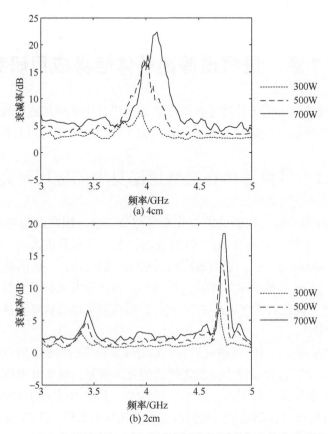

图 6.18　1Torr 条件下空气-ICP 衰减率随腔体厚度变化的实验测量结果

6.4　本 章 小 结

　　本章对比研究了腔体厚度变化对 ICP 参数空间分布的影响规律，开展实验和数值计算获得了透波腔 ICP 覆盖下金属板的电磁波反射率，结果显示，n_e 的中心区域随厚度的减小不断偏离腔体中心，环状特征得到增强，增大气压对主衰减带宽的提升作用在一定程度上弥补了厚度减小造成的主衰减带宽的减小；针对等离子体隐身的工程需求，开展实验研究了薄层空气-ICP 的放电特性，提高气压会导致薄层 ICP 的覆盖面积出现严重的缩减现象，妨碍对金属目标的覆盖。

第 7 章　进气道等离子体隐身应用研究

本章对吸波腔等离子体技术在进气道隐身设计中的应用进行探索,采用数值计算和实验测量分析矩形 S 弯进气道等离子体隐身方案的可行性和衰减率。

7.1　等离子体在进气道隐身中的应用研究

由于飞行器的雷达探测威胁首先来自迎头方向,因此高隐身战斗机的设计中,首先考虑的是前向区域的 RCS 缩减问题,大量数据表明,进气道是战斗机在前向区域散射最强、影响最广的散射源。据统计,一般的单发飞行器进气道作为散射源可占整机前向散射的约 40%,而在双发飞行器上其比例会高达 60%甚至更高,因此对进气道的 RCS 进行缩减控制可以有效降低整机在前向区域的 RCS 水平。

在 F-117A 战斗机中,其进气道在唇口处安装特殊的格栅,用以阻碍雷达波进入进气道内部,这种设计会降低进气道的总压恢复,减小可用推力,因此不适用于当前的超声速飞行器。在其后的 F/A-18E、F-22 中采用了 Caret 低散射进气道,该进气道可以在降低散射的同时提高总压恢复系数,但 Caret 进气道的边界层吸除系统较为复杂,机身边界层隔道无法取消[171];美国 F-35 飞机采用了机体/进气道压缩面一体化的全新设计思路,研制了"蚌"(bump)式进气道,该进气道在进一步降低 RCS 的同时也减轻了重量,取消了机身边界层隔道及压缩面边界层吸除系统[172]。在飞翼布局中,如无人驾驶飞行器 X-47B 及 B-2 隐身轰击机中,采用了背负式进气道来降低进气道的 RCS。

苏-27 战斗机采用直管进气道保证较高的进气效率,但由于发动机入口端面直接被前向雷达波照射,腔体效应会在很宽的角域范围内产生强烈的雷达回波。有相关学者针对直管进气道的强散射问题,提出了低散射 S 弯管道型进气道的设计方案,其基本原理是利用进气道的结构弯折对发动机入口形成遮挡,并改变进气道内入射雷达波的传播方向,从而抑制进气道的腔体散射效应,相关数值计算和缩比模型的结果显示,进气道管道结构的弯折设计可在一定角域内减少回波,但在雷达波小角度入射时,其有效性被破坏,在机头等重要角域内的散射仍然较强，难以满足高隐身战斗机对进气道隐身的要求，因此必须进一步研究抑制进气道腔体散射的技术手段。

文献[173]对比分析了内壁涂敷雷达吸波材料对直管和弯管进气道散射的影响，结果显示在雷达波入射角小于–10°和大于 10°的范围，涂敷雷达吸波材料对降低直管进气道的回波散射具有一定效果，而对弯管进气道在小于–3°和大于 3°范围，雷达吸波材料具有良好的衰减效果且随着入射角的增大其衰减作用进一步加强。分析认为管道弯折改变了电磁波的传播路径，提升了管道内雷达吸波材料的吸收效率。除管道弯曲和涂敷雷达吸波材料，加装吸波导流体也是抑制进气道腔体散射的有效手段之一，吸波导流体一方面可以增加对发动机的遮挡，另一方面其自身具备较高的吸波效能。低 RCS 进气道设计的发展趋势是将进气道布局、吸波导流体、吸波材料甚至发动机和进气管道结构等一起进行综合设计。因此，本节对薄层透波腔 ICP 在弯型管道进气道的隐身设计中的应用进行初步探索。

7.1.1　矩形 S 弯进气道等离子体隐身方案

隐身进气道的设计是一项复杂而又涉及面较广的问题，一方面要根据发动机的匹配要求设计喉道面积、出口直径、捕获面积等气动参数，另一方面要综合使用多种隐身策略最大限度地降低进气道的雷达回波。矩形 S 弯进气道等离子体隐身方案的主要思路是将薄层透波腔 ICP 发生器作为一种吸波体，替换或覆盖 S 弯进气道内的局部部位，从而吸收进入进气道内的雷达波能量，在 S 弯进气道的低散射特征的基础上进一步减少雷达回波。

在设计薄层透波腔 ICP 发生器时，透波腔的几何外形、曲率需要和安装部位的曲率保持一致，在保证原进气道气动特性不受影响的同时，还要满足进气道对抗压、耐高温等指标的要求。考虑到飞机机载电源的能耗限制和当前透波材料的工业设计水平，进气道隐身暂不宜采用全部或大面积 ICP 覆盖方案，而应采用对重点区域的局部覆盖，以降低 ICP 源的能耗需求和安装难度，提高等离子体隐身的工程可行性，同时由于 ICP 源中包含形状不规则的平面金属天线，为了避免其对雷达回波产生增强效果，在选择安装部位时应避免雷达波直接照射 ICP 源，即安装位置应该与进气道唇口有一段距离。本节采用简单构型组成的 ICP 局部吸波腔和 S 弯进气道缩比模型进行验证性实验研究，方案细节如图 7.1 所示。

进气道参数包括总长度(1.5m)、进气道进口和捕获面积出口截面(矩形，60cm×50cm)。中心线和面积变化规律是 S 弯进气道设计中的关键参数，决定了其内通道型面的变化，文献[174]分别对前缓后急、缓急相当和前急后缓三

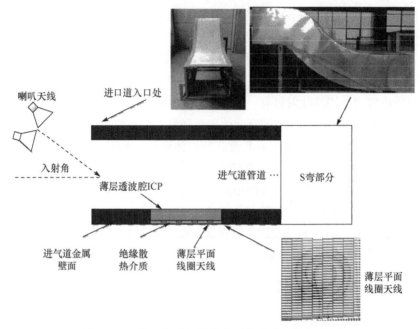

图 7.1　矩形 S 弯进气道等离子体隐身方案细节图

种结构 S 弯进气道的流场和总压恢复进行了分析，结果显示，前缓后急的中心线和前急后缓的面积变化具有稳定的流场和较高的总压恢复。因此，本书 S 弯进气道选取的中心线变化规律如式(7.1)所示：

$$y = \Delta y \left[-3 \left(\frac{x}{d} \right)^4 + 4 \left(\frac{x}{d} \right)^3 \right] \tag{7.1}$$

其中，y 为中心线的纵坐标；Δy 为进、出口截面中心的纵向偏距；d 为 S 弯在 x 轴的长度。验证实验中，透波腔采用 2cm 厚的石英腔，ICP 线圈放置于石英腔下表面，在线圈下方安装金属反射板并用绝缘石英片将两者隔开，ICP 吸波腔安装位置距离唇口处 20cm。

7.1.2　进气道等离子体隐身效果分析

本节首先采用二维 ZT-FDTD 模型对进气道管道内应用透波腔 ICP 的回波衰减率进行计算，计算模型如图 7.2 所示，在计算中不考虑 S 弯对雷达回波散射的降低作用，将进气道设计为直管型，在进气道出口端利用金属板封闭，入射波的入射角选取 15° 和 30°，放电气压选取 100mTorr、1Torr，气体选择 Ar 和 O_2，放电功率选择 700W，等离子体厚 2cm，进气道总长度 160cm，n_e 的分布由流体模型结果获得，衰减率的扫描角域为-30°～30°。

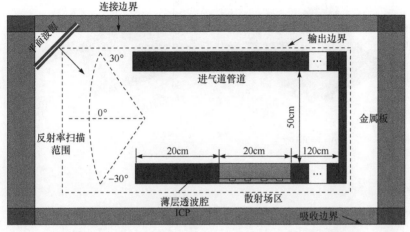

图 7.2　S 弯矩形进气道等离子体隐身的 ZT-FDTD 模型

　　图 7.3(a)～(d)给出了入射角为 30°情况下，进气道入口处的衰减率在扫描角域内的计算结果，在 100mTorr Ar 中，回波的主要衰减集中在 9.7～15.1GHz 频段内；在-28°，14.5GHz 频点有衰减峰值 23.7dB。从扫描角域来看，在进气道入口处的±30°内，有效衰减频带内的平均衰减达到-15.3dB，在-30°～0°半区内衰减相对较高，分析原因如下：电磁波在 30°入射时，不直接照射 ICP 放电腔，波通过在进气道内部的反射进入 ICP 内部，回波再次经过进气道壁面的反射进入-30°～0°半区。在 1Torr Ar 中，衰减频段集中在 4.7～8.6GHz，平均衰减率达到 23.2dB，在 0.9～4.7GHz 和 8.6～16.3GHz 的频带内平均衰减率达到 12.7dB，增加气压能够在较宽的频带范围内提高 ICP 对波的衰减率，但根据 2.3 节的结论，当 ν_{m} 超过某一阈值后，提高 ν_{m} 对提高衰减率将不再起作用，同时增大气压会导致薄层 ICP 的覆盖面积出现严重的缩减现象，妨碍对金属目标的覆盖。在 100mTorr O_2 中，回波的主要衰减集中在 2.6～5.1GHz 频段内，在-22°、3.75GHz 频点衰减峰值达到 31.7dB，-10°～+30° 半区内的衰减率相对较低，平均衰减率达到 13.0dB。在 1Torr O_2 中，回波的主要衰减频带变窄，移动至 2.1～3.5GHz；在-15°、2.63GHz 频点衰减峰值达到 35.7dB，0°～+30°半区内的平均衰减率达到 15.2dB，-30°～0°半区内的平均衰减率达到 19.3dB。

　　图 7.4(a)～(d)给出了入射角为 15°情况下进气道入口处扫描角域内的衰减率计算结果，此时电磁波可以直接照射进入 ICP 透波腔内部。对比发现，

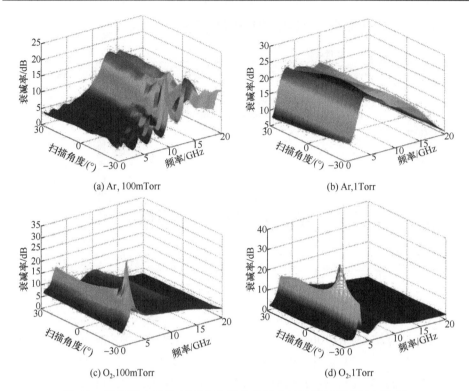

(a) Ar, 100mTorr

(b) Ar,1Torr

(c) O₂,100mTorr

(d) O₂,1Torr

图 7.3　进气道入口处衰减率在扫描角域内的计算结果(30°入射角)

随着入射角的降低，ICP 对波的衰减效果有了明显的提升，衰减率增大的同时主衰减带宽小幅度增大，在 100mTorr Ar 中，主要衰减频段为 8.5～15.1GHz；在−25°、13.2GHz 频点衰减峰值达到 32.3dB。在 1Torr Ar 中，主要衰减频段为 3.6～8.5GHz；在−15°、5.12GHz 频点衰减峰值达到 34.7dB。在 100mTorr O₂中，主要衰减频段为 2.6～6.4GHz；在−13°、3.8GHz 频点衰减峰值达到 31.1dB。在 1Torr O₂ 中，主要衰减频段为 2.1～4.6GHz；在−30°、3.3GHz 频点衰减峰值达到 33.4dB。分析原因认为，首先当电磁波以 15°入射进气道时，直接照射 ICP 放电腔，近似以 75°斜入射进入 ICP 内部，根据式(7.2)，当电磁波斜入射进入 ICP 内时，随着入射角的增大双程衰减率会迅速增大[175]：

$$\eta_{\text{Att}} = 17.37 \left| \text{Im} \left(\int_0^l k_0 \sqrt{\varepsilon_r(l) - \sin^2 \theta(l)} \mathrm{d}l \right) \right| \tag{7.2}$$

其中，$\varepsilon_r(l)$ 为非均匀等离子体中介电常数在入射波路径上的变化函数；$\sin^2 \theta(l)$ 为入射波的入射角度的改变。另外，电磁波在腔体内部的多次反射等效于增加电磁波在等离子体中的传输路径，对衰减起到增强作用。

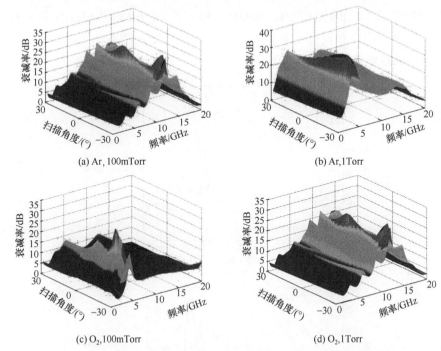

(a) Ar, 100mTorr   (b) Ar, 1Torr

(c) O$_2$, 100mTorr   (d) O$_2$, 1Torr

图 7.4　进气道入口处衰减率在扫描角域内的计算结果(15°入射角)

　　为了进一步确认矩形 S 弯进气道等离子体隐身方案的有效性,开展实验测量了薄层 Ar-ICP 对 S 弯进气道的衰减率的影响,实验系统详见 7.1.1 节,入射波的角度选取 15°和 30°。图 7.5(a)和(b)给出了入射角为 30°时衰减率随功率变化的测量结果。结果显示,在 100mTorr 下,在 300W、500W 和 700W 功率下对应的主衰减频带为 10.26~10.49GHz、10.34~10.67GHz 和 10.35~10.73GHz,平均主衰减带宽达到 0.31GHz,衰减峰值分别达到 11.9dB、17.8dB、27.5dB。和图 6.15(b)相比,在 9~11GHz 频段内,衰减率总体上得到显著的提高,同时主衰减带宽得到扩大,分析认为 S 弯进气道的特殊结构有效增加了入射电磁波在内壁的反射次数,等效为增加了波与 ICP 相互作用的距离,显著提高了衰减效果。在 1Torr 下,在 5.21~5.49GHz 和 6.37~6.75GHz 频带内存在局部的衰减极大值,衰减峰值对功率的增大快速提高,在 5~7GHz 时,随着功率的增大,700W 下衰减率曲线整体提升至 5.1dB 以上。

　　图 7.6(a)和(b)给出了入射角为 15°时衰减率随功率变化的测量结果。结果确认当入射波直接照射透波腔 ICP,回波的衰减率明显增加。在 100mTorr 下,在 300W、500W 和 700W 功率下对应的主衰减频带为 10.15~10.42GHz、10.21~10.51GHz 和 10.32~10.71GHz,平均主衰减带宽达到 0.32GHz,衰减

峰值分别达到 10.2dB、24.5dB、30.9dB。1Torr 下，在 5.13～5.61GHz 和 6.37～6.72GHz 频带内存在局部的衰减极大值，在 5～7GHz，随着功率的增大，700W 下衰减率曲线整体提升至 8.2dB 以上。

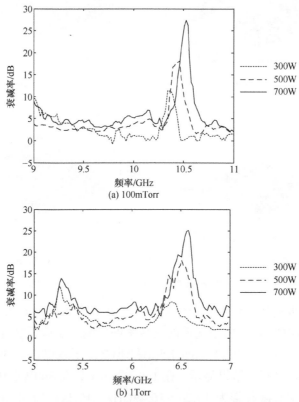

(a) 100mTorr

(b) 1Torr

图 7.5　Ar-ICP 应用在 S 弯进气道腔体的衰减率实验测量结果(30°入射角)

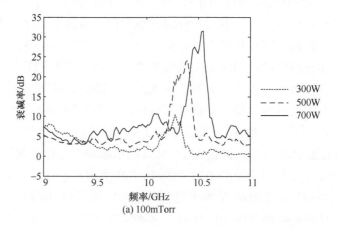

(a) 100mTorr

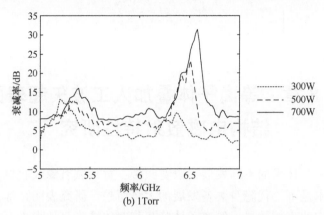

图 7.6　Ar-ICP 应用在 S 弯进气道腔体的衰减率实验测量结果(15°入射角)

7.2　本 章 小 结

在实验环境下对进气道等离子体隐身方案的可行性进行初步的探讨，设计 S 弯进气道的薄层 ICP 隐身方案并制作了相关样件，采用数值模拟手段得到了在进气道入口处 60°范围内的反射率，开展实验测量对上述方案的衰减率进行实测，结果显示在 S 弯进气道腔体内部加装 ICP 吸波装置能够进一步抑制进气道的腔体散射效应。

第8章　等离子体叠加人工波矢超表面结构电磁散射特性研究

随着反隐身技术的不断发展，以宽频带、宽角域有源吸收材料为代表的新型隐身技术是下一代隐身装备发展的大势所趋。研究表明，等离子体对电磁波具有一定的衰减效果，等离子体隐身相对传统隐身技术具有很多优势。对于飞行器，射频等离子体的放电腔越薄越有利于在机翼前缘、雷达舱等强散射部位安装使用，但是薄层透波腔结构会对等离子体放电特性产生影响，同时，等离子体厚度的减小会降低雷达波在等离子体中的传输距离，进而电磁波衰减幅度也会减小。田纳西大学曾在 2002 研究了薄层等离子体的吸波效果，实验中使用介质阻挡放电产生等离子体，电子密度达到 $2.8\times10^{17}\sim2.7\times10^{18}\mathrm{m}^{-3}$，但是等离子体的厚度只有 0.3mm[176]，结果显示在电磁波频率为 15GHz 时的最大衰减只有 0.02dB，完全达不到隐身技术的要求。这说明等离子体要达到一定的厚度才能具有衰减电磁波的效果。

但是当闭式等离子体厚度变大后，又会带来重量增加、与机体共形困难以及机械强度不够等问题，大大增加了工程应用的难度。针对这个问题，本章提出等离子体叠加人工波矢超表面复合结构的隐身理论和方法，借助人工波矢超表面增大电磁波在等离子体中的传播距离，从而减小所需要的等离子体厚度，提高雷达波衰减效果，有望解决宽频带、宽角域目标有源隐身技术实现中的基础性问题。

8.1　复合结构设计原理

针对等离子体隐身技术的应用设计，已有研究提出在飞行器表面同时覆盖雷达吸波材料和等离子体，用以提高等离子体的隐身效果。已有研究利用时域有限差分法分析了电磁波入射到等离子体和雷达吸波材料覆盖的导电平板上的反应。与单纯等离子体或雷达吸波材料覆盖的金属平板相比，等离子体覆盖在吸波材料之上的复合结构在更高频段具有吸波效果，而将吸波材料覆盖在等离子体之上时，吸波频段则向低频移动，优化等离子体和吸波材料的参数可以增加吸波带宽。已有研究提出一种包含良导体、吸波材料、等离子体和无损传输材料的四层结构，用阻抗转换方法研究了这种结构的反射和吸收特性，验证了等离子体和吸波材料对 RCS 缩减的效果。

　　但是这些多层结构对减小等离子体厚度的作用有限，只是两种吸波材料的简单叠加，吸波材料的作用是吸收一部分入射电磁波，对等离子体本身的吸波效果没有帮助。雷达吸波材料要达到吸波效果，本身也需要一定的厚度，并且会带来维护困难的问题。

　　人工波矢超表面材料基于表面结构相位调控的电磁波传播模式调控技术，可以人工干预电磁波的反射方向。当人工波矢超表面材料和等离子体叠加使用时，能够显著增大电磁波在等离子体中的传播距离，提高雷达波衰减效果。本章提出的等离子体叠加人工波矢超表面复合结构并不是两种结构的简单叠加，主要设计思想为：利用超薄等离子体作为主要的宽带吸波介质，通过对等离子体密度设计使电磁波最大限度地入射等离子体，通过改变等离子体参数分布调控有效吸波频段和衰减率；利用人工波矢超表面人工干预电磁波的反射波矢量，针对吸波频率设计人工波矢超表面，超表面提供近表面"人工波矢"，改变电磁波传播方向，可以大大提高电磁波在等离子体中的传播距离。

8.2　当前研究中的问题

　　采用高密度的等离子体用以提高响应频带、减小等离子体的厚度用以提高结构适用性是等离子体有源隐身技术的发展共识。但是在感性耦合等离子体中，厚度的减小和电子密度的升高会导致电子能量分布和电子扩散迁移过程的改变，趋肤层射频电场和碰撞效应会加强，使放电形态呈现出特异的约束特征、参数分布出现非均匀性特征，从而引起其散射特性出现了类似致密等离子体的强散射介质效应，电磁波传播中除了时空色散、幅度衰减、相移等基本效应，还会产生电磁波束的多重反射/散射、折射、聚/散焦、极化效应等电磁效应，进而影响散射特性的空间特征。

　　当等离子体与人工波矢超表面联合作用于入射电磁波时，需要考虑两者的耦合关系，非均匀等离子体会对入射波产生一定的调制作用，尤其是聚焦、多重反射等效应会导致信号波形的改变，这就导致人工波矢超表面的入射波不再是原始的电磁波，同时人工波矢超表面在对反射波波矢进行人工控制的同时，也会产生聚焦、极化变换、共振衰减等效应，需要对等离子体与人工波矢超表面人工材料进行耦合设计，优化隐身效果。

研究感性耦合等离子体参数分布模型、人工波矢超表面材料单元与周期结构散射效应和时空特性是分析其散射特性的核心。在第 4 章和第 5 章中已通过数值仿真和实验研究分析了主导等离子体参数分布的关键因素和影响机理，以及等离子体散射效应的时空特性与散射特性的空间差异。但是已有的人工波矢超表面的结构设计以单层设计为主，人工波矢的有效调控频段较窄，难以应对宽频段的电磁波，单元尺寸设计主要针对高频、窄带波段，与此同时，已有人工波矢超表面设计主要针对时谐信号，没有考虑电磁波穿过非均匀等离子体后散射效应产生的波形畸变和调制效果，缺少等离子体与人工波矢超表面人工材料的耦合设计和分析。尽管已有实验直接测量得到不同角域内感性耦合等离子体、人工波矢超表面对电磁波的衰减率，但受时域分辨率的限制无法获得等离子体对电磁波传播的作用细节，无法获得散射效应的时空演化过程，已有的测量实验主要研究其幅度衰减、相移等基本散射参量，没有考虑参数强非均匀性引起的聚散焦/极化效应、多重散射等电磁效应，且普遍缺少等离子体与人工波矢超表面人工材料的耦合分析模型，结果不能反映真实等离子体源参数分布和复杂人工波矢超表面人工材料对电磁散射的耦合影响。

针对上述问题，本章提出通过多层设计的方法，提高人工波矢超表面对低频、宽频电磁波波矢的控制，并建立等离子体叠加人工波矢超表面理论模型和阻抗电路模型，给出等离子体叠加人工波矢超表面的吸波理论和方法，系统研究等离子体叠加人工波矢超表面参数非均匀性和复杂单元对电磁散射特性的耦合影响。在此基础上，优化等离子体叠加人工波矢超表面人工材料的厚度、单位面积能耗，优化参数分布的调控策略，提高有源调节的响应速度。

8.3　人工波矢超表面

8.3.1　设计理论和方法

人工波矢超表面人工材料，又称相位梯度超表面人工材料，其物理机制是通过合理设计超表面的几何结构，使其可以对入射的电磁波在局部形成谐振效应，从而与电磁波形成亚波长尺度上的耦合，这种耦合效应能够调节入射电磁波的波矢和相位，从而实现传播方向的改变。人工波矢超表面材料借助独特的人工微结构，具有性能稳定、容易加工以及体积紧凑等优势，可以实现负折射、异常反射、深度聚焦等特有的功能，因此在实际应用中具有广阔的发展前景。

如图 8.1 所示，采用远场反射率测量及近场分布测量分别对人工波矢超表面的表面等离激元耦合效率以及表面等离激元传播进行测量。在远场反射率测量中，使用喇叭天线作为发射端和接收端，通过金属板对测量系统进行校准，利用矢量网络分析仪对人工波矢超表面的原始反射功率进行测量。然后，通过反射率数据处理软件，滤除多径反射和噪声，获取准确的人工波矢超表面反射率。在近场测量中，采用喇叭天线作为辐射源，以微波探针作为接收端，利用金属板对测量系统进行校准。在测量过程中，辐射天线与人工波矢超表面保持位置不变，探针在人工波矢超表面上进行二维扫描，获取表面等离激元电场幅度和相位分布，观察表面等离激元的传播模式和传播方向。

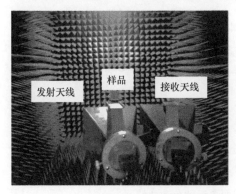

图 8.1　远场反射率测量以及近场表面等离激元测量

为了构建人工波矢超表面，必须首先解决等效电磁参数梯度渐变的超材料的设计问题。为了控制电磁波的超常反射，就必须合理设计相位梯度，宽频多层超表面人工波矢的高效控制是需要解决的关键问题。这里采用色散调控与多尺度单元设计的技术路线设计宽带人工波矢超表面，采用几何相位单元结构作为超表面的基本单元，这种结构的反射相位主要与单元结构的旋转方向有关，有利于设计宽带人工波矢超表面激励表面等离激元。通过电磁学有限元方法分析几何相位单元结构的色散关系，研究人工波矢超表面材料的单元尺寸、连接相位延迟线单元、单元旋转、孔径耦合等不同相位调制方法的人工波矢调控方法，实现宽带表面等离激元耦合。但是，表面等离激元的传播需要满足相位匹配关系，否则会产生散射。为了拓展人工波矢超表面的带宽，延长表面等离激元的传播距离，需要对几何相位单元结构的色散关系进行特殊设计。几何相位一般针对圆极化电磁波,但线极化电磁波可分解为两个正交的圆极化波,不影响利用表面等离激元耦合提升等离子体吸波效果。人工波矢超表面单元结构具有多个色散模式,每个色散模式对应一个工作频率,如图 8.2 所示。现有人工波矢超表面大多仅利用了其中最基本的一个模式,因此带宽较窄。这里采用色散调控的技术手段,使得在不同的色散模式下都满足相位匹配关系。这样,表面等离激元耦合在多个频点被激励,可以提高耦合效率。图 8.3 为一种具有几何相位超表面结构及其电磁响应,对两个不同手性的圆极化波提供相反方向的波矢,拥有多条色散曲线,超表面提供了一个固定附加波矢,使得手性相关的表面等离激元耦合发生在多个频点。

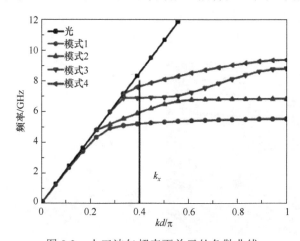

图 8.2　人工波矢超表面单元的色散曲线

　　另外,利用多尺度混合单元结构可以进一步提高人工波矢超表面的带宽。多尺度混合单元是一种由具有不同几何尺度的结构或具有不同几何形状的结构组成的超表面单元,如图 8.4 所示。具有不同几何尺度的结构一般具有不

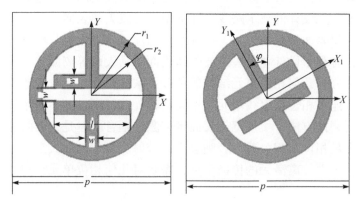

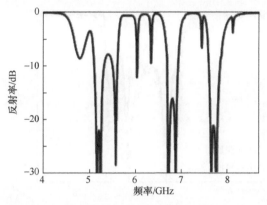

图 8.3　一种具有几何相位的超表面结构及其电磁响应

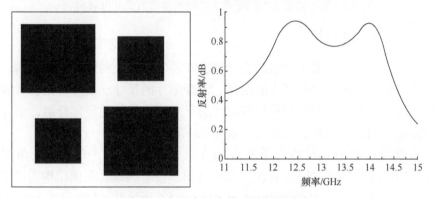

图 8.4　多尺度混合单元及电磁响应

同的谐振频率，将它们混合排列组成超表面单元，可以将各个频率集成在一起，用于实现多频和宽带超表面设计。采用宽带结构实现混合单元结构，可以进一步拓展人工波矢超表面的工作带宽。

图 8.5 是一种利用上述多频和宽带原理设计的超表面结构及电磁特性。通过对超表面的几何参数进行精心设计，使其具有多条合适的色散曲线，不同色散曲线与波矢在一个宽频带的范围内重合，可以使邻近的耦合频率点形成宽带的等离激元。

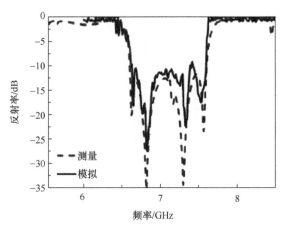

图 8.5　基于色散调控的宽带人工波矢超表面及其电磁响应

8.3.2　结构和电磁特性

　　本章设计的人工波矢超表面为金属、介质基板、金属贴片三层结构，金属贴片与背面金属板耦合产生磁谐振，改变贴片的尺寸，耦合谐振参数随之改变，从而实现对反射波相位的控制。为了实现反射波的异常反射，单元反射相位随结构尺寸变化需要保证覆盖 $0 \sim 2\pi$ 范围。

　　本章设计的单元结构介质基板的介电常数 $\varepsilon_{\mathrm{r}} = 4.5$，介质损耗角正切 $\tan\delta = 0.025$，尺寸见图 8.6 标注。基板背面涂覆金属铜，正面结构为"工"形金属片。这种结构可以有效减小单元尺寸，图 8.6 所示单元的电尺寸为 $0.49\lambda_0$。

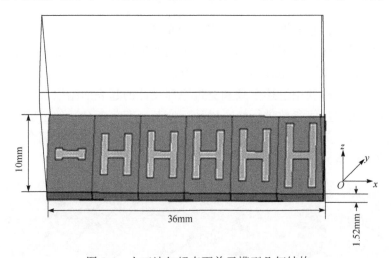

图 8.6　人工波矢超表面单元模型几何结构

当电磁波入射到单元表面时，单元正面金属结构与金属板耦合产生磁谐振，使电磁波的反射相位发生改变，通过微调贴片尺寸，可以产生不同的反射相位。经过理论分析、仿真设计和实验测量，最终确定人工波矢超表面的单元结构如图 8.6 所示。加工得到的人工波矢超表面实物如图 8.7 所示。

图 8.7　人工波矢超表面实物

人工波矢超表面的电磁特性如图 8.8 和图 8.9 所示，无论是能流还是平面波的反射情况，都可以看出所设计的人工波矢超表面可以有效调控入射电磁波的反射，生成异常反射的"人工波矢"，垂直入射的反射角可以达到 56.4°，从而有效增加电磁波在等离子体中的传播路径。

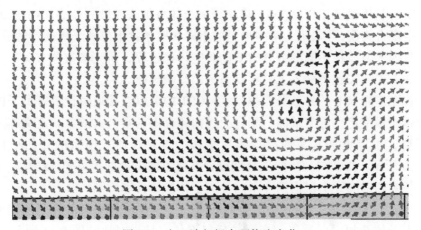

图 8.8　人工波矢超表面能流变化

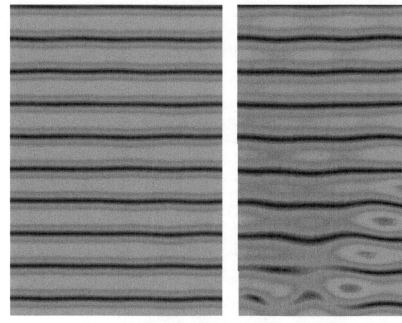

(a) 平面波入射(无超表面)　　　　　　(b) 平面波入射(有超表面)

图 8.9　人工波矢超表面异常反射

8.4　等离子体叠加人工波矢超表面的反射率

8.4.1　叠加结构反射率 CST 仿真结果

本节利用微波工作室(CST)建立等离子体叠加人工波矢超表面-电磁波传播时空耦合模型,导入第 4 章中得到的不同实验条件下等离子体的参数分布,数值复现入射波在不同参数分布下的时空传播过程,研究参数分布对等离子体叠加人工波矢超表面人工材料反射率的影响规律。

首先建立 ICP 的参数分布模型,在 CST 中可以直接通过设置等离子体频率和碰撞频率定义等离子体,相比通过内置介电常数公式的方式定义等离子体模型,可以更加真实地模拟等离子体的电磁性质。模型的几何结构如图 8.10 所示,在轴向和径向上分别设置 8 层不同参数的等离子体结构,等离子体频率和碰撞频率根据第 4 章的等离子体参数计算得到。

当放电功率为 500W、气压为 10Pa 时,5cm 厚腔体中的等离子体模型以及等离子体叠加人工波矢超表面的反射率仿真结果对比如图 8.11 所示,可

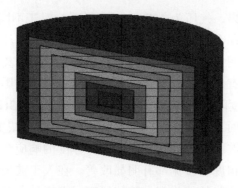

图 8.10　CST 中的 ICP 模型

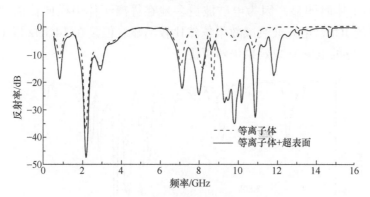

图 8.11　有无叠加人工波矢超表面的等离子体反射率仿真结果

以看出，添加超表面后反射率幅值和带宽都降低非常明显，最大衰减率超过
–40dB，反射率低于–5dB 的频段包括 0.53~1.07GHz、1.66~3.74GHz、
6.6GHz~11.38GHz 以及 11.53~12.08GHz，证明人工波矢超表面可以有效提
升等离子体对电磁波的衰减效果。尤其是对于薄层且电子密度分布不均匀的
等离子体，人工波矢超表面可以有效增加电磁波在等离子体中的传播距离，
从而增强等离子体对电磁波的衰减。但是由于人工波矢超表面的工作带宽限
制，在低频段的反射率降低效果不明显，而在超表面有效工作的 6~12GHz
频段，平均反射率从–5dB 降低到–15dB。这样的结果间接地证明了等离子体
作为衰减电磁波的主要介质，在吸波带宽上具有明显的优势。虽然采用了多
种手段增加人工波矢超表面的工作带宽，但仍然不能覆盖等离子体的所有吸
波频段，进一步研究宽带人工波矢超表面的设计，是加强等离子体叠加人工
波矢超表面结构电磁波衰减效果的关键。

　　图 8.12~图 8.14 为 2.5cm、5cm 和 10cm 厚 ICP 叠加人工波矢超表面结

构的反射率仿真结果，气压为 10Pa。对比发现，对于不同厚度的 ICP，放电功率增加时反射率都会明显降低，这与第 6 章中得到单纯等离子体的反射率结果是一样的，说明叠加人工波矢超表面后，功率对等离子体的电磁波衰减效果的影响规律没有发生明显变化。相比于放电功率的影响，腔体厚度增加时，反射率除了幅度降低，带宽也有明显增加。首先在 3GHz 以下的低频区，由于人工波矢超表面不能工作在此频段，对电磁波的衰减主要依靠等离子体。由于低频段电磁波波长大，对等离子体腔体厚度的响应会更加敏感，腔体厚度增加时，反射率幅度和带宽都有明显改善。在人工波矢超表面主要工作的 X 波段，由于反射波路径的改变，腔体厚度对电磁波衰减效果的影响远没有单纯等离子体时明显。因为电磁波更多地在等离子体中横向传播，即使是 2.5cm 厚的 ICP，电磁波衰减效果依然比较明显。但是在 14GHz 以上的高频段，10cm 厚的 ICP 衰减效果仍然更优。

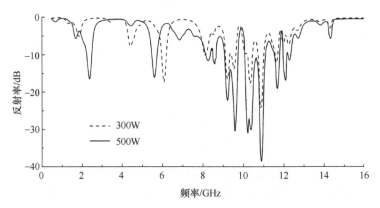

图 8.12　2.5cm 厚 ICP 叠加人工波矢超表面结构的反射率仿真结果

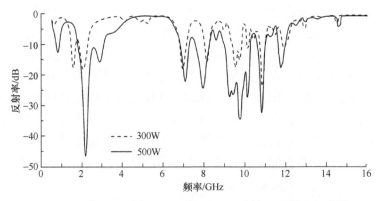

图 8.13　5cm 厚 ICP 叠加人工波矢超表面结构的反射率仿真结果

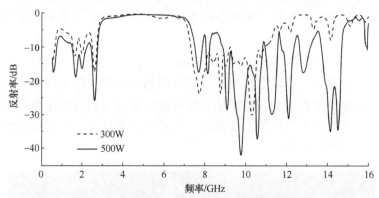

图 8.14　10cm 厚 ICP 叠加人工波矢超表面结构的反射率仿真结果

叠加人工波矢超表面结构后，不同气压下的 ICP 反射率仿真结果如图 8.15 所示，相比于单纯等离子体，1Pa 的气压和 100Pa 的高气压下等离子体对电磁波的衰减效果提升明显。尤其是 100Pa 时，衰减带宽大幅增加，高气压下等离子体分布不均匀导致的衰减效果降低，由于人工波矢超表面的加入得到改善。首先由于高气压下等离子体频率和电磁碰撞频率都很高，等离子体的有效吸波频段向高频移动。从图 8.15 中可以看到，第一个衰减峰值由 10Pa 时的 2.2GHz 变为 100Pa 时的 5.2GHz。其次在叠加人工波矢超表面后，电磁波在等离子体中更多地沿径向传播，而高气压下，等离子体在径向分布的梯度变化非常剧烈，电磁波在传播过程中会发生多重反射和折射，相当于增加了电子密度分布范围，从而使电磁波衰减带宽增加。

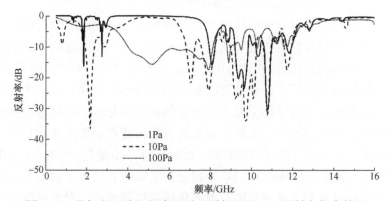

图 8.15　叠加人工波矢超表面后不同气压下 ICP 反射率仿真结果

8.4.2　叠加结构反射率实验结果

为了验证 8.4.1 节等离子体叠加人工波矢超表面结构对电磁波的衰减效

果，开展相关实验对叠加结构的反射率进行测量。与第 5 章中测量等离子体
的反射率相同，按照第 2 章描述的设置方法开展，天线发射方向与腔体中心
法线夹角为 10°，矢量网络分析仪的扫频范围设置为 0.5～16GHz。如图 8.16
所示，首先在支架上放置金属板，以测量得到的反射率作为背景参考值，然
后放置人工波矢超表面和石英腔体，打开射频电源，石英腔体中产生等离子
体，调节放电功率和气压等实验条件，测量不同条件下等离子体叠加人工波
矢超表面结构的反射率。

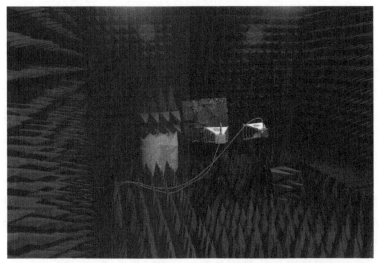

图 8.16　等离子体叠加人工波矢超表面的反射率测量

　　图 8.17 为 2.5cm 厚 ICP 的反射率及其叠加人工波矢超表面后的反射率测
量结果对比，可以看到射频功率达到 500W 时，2.5cm 厚度的等离子体对电
磁波的衰减效果仍然比较弱。这是由于电磁波在等离子体中的传播距离很短，
无法充分与等离子体反应，并且薄层 ICP 的参数空间分布梯度很大，受腔体
中高电势的影响，等离子体呈现为非常窄的圆环状分布，对电磁波的有效作
用面积减小。但是在叠加人工波矢超表面后，即使在功率为 300W 时，反射
率大幅降低，当功率升高到 500W 时，反射率进一步降低。与 8.4.1 节中的仿
真结果相比，由于实验中存在的功率损耗，实际的 ICP 电子密度比仿真结果
要低，所以可以看到实验测得的反射率比仿真结果偏高，对电磁波的最大衰
减带宽也由 X 波段降为 C 波段。

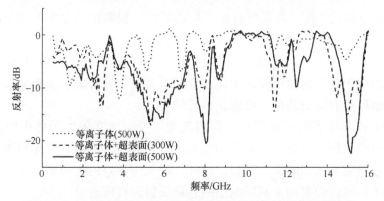

图 8.17 有无叠加人工波矢超表面的等离子体反射率测量结果

图 8.18 中对比了射频功率为 700W 时三种不同厚度 ICP 叠加人工波矢超表面的反射率测量结果，由图可以看到，叠加人工波矢超表面后，厚度对等离子体反射率的影响程度变小。这是由于人工波矢超表面的异常反射改变了反射波在等离子体中的传播路径，电磁波由原先沿轴向传播变为更多地沿径向传播，削弱了厚度的影响。

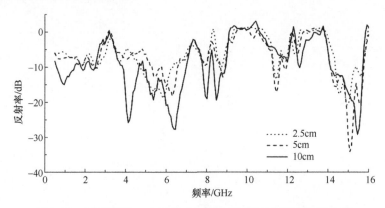

图 8.18 不同厚度 ICP 叠加人工波矢超表面反射率测量结果

8.5 本章小结

本章提出等离子体叠加人工波矢超表面结构，介绍了其增加电磁波衰减的原理，针对当前研究中存在的问题，设计了可以在宽频带内调节电磁波传播矢量的超表面结构。在 CST 中建立了等离子体叠加人工波矢超表面模型，利用薄层等离子体作为主要的宽带吸波介质，利用人工波矢超表面人工干预电磁波的反射波矢量，提供近表面"人工波矢"，提高电磁波在等离子体中的传播距离。分别用仿真和实验的方法得到叠加结构的反射率，结果表明，等离子体叠加人工波矢超表面结构的反射率可以有效降低反射率，对电磁波的衰减作用优于单纯的薄层等离子体，证明本书设计的等离子体叠加人工波矢超表面结构具有隐身效果，原理是可行的。

人工波矢超表面的异常反射作用改变了反射波在等离子体中的传播路径，反射波由原先主要沿轴向传播变为更多地沿径向传播，因此腔体厚度对电磁波衰减效果的影响程度减弱。另外，高气压导致的电子密度分布不均匀对等离子体吸波效果的不利影响也因异常反射而有所改善。

参 考 文 献

[1] 张考, 马东立. 军用飞机生存力与隐身设计[M]. 北京: 国防工业出版社, 2002.

[2] Henabray B G K. The role of stealth in future combat[C]. SMI Stealth Conference, London, 2006: 26-28.

[3] 庄钊文, 袁乃昌, 莫锦军, 等. 军用目标雷达散射截面预估与测量[M]. 北京: 科学出版社, 2007.

[4] 阮颖铮. 雷达截面与隐身技术[M]. 3 版. 北京: 国防工业出版社, 2001.

[5] He X, Chen J P, Zhang Y C, et al. Numerical and experimental investigation on electromagnetic attenuation by semi-ellipsoidal shaped plasma[J]. Plasma Science and Technology, 2015, 17(10): 869-875.

[6] 王斌科, 王新华, 顾超, 等. 二维圆柱超材料隐身罩的设计和测试[J]. 空军工程大学学报(自然科学版), 2010, (1): 78-81.

[7] 李天, 武哲. 飞机外形参数的气动与隐身综合优化设计[J]. 北京航空航天大学学报, 2001, 27(1): 76-78.

[8] Matthews J C G, Pinto J, Sarno C. Stealth solutions to solve the radar-wind farm interaction problem[C]. Antennas and Propagation Conference, Loughborough, 2007: 101-104.

[9] Chen H Y, Zhou P H, Chen L, et al. Study on the properties of surface waves in coated RAM layers and monostatic RCSR performances of the coated slab[J]. Progress in Electromagnetics Research M, 2010, 11: 123-135.

[10] Sheng X, Yuan X. Simulation analysis of an active cancellation stealth system[J]. OPTIC—International Journal for Light and Electron Optic, 2014, 125(18): 5273-5277.

[11] 杰里 L, 伊伏斯, 爱德华 K, 等. 现代雷达原理[M]. 卓荣邦, 译. 北京: 电子工业出版社, 1991.

[12] Willis N J. Bistatic Radar[M]. New York: SciTech Publishing, 2005.

[13] Hu X Q, Chen J W, Wang Y L. Research on meter-wave radar height-finding multipath model[J]. Chinese Journal of Radio Science, 2008, 23(4): 651-657.

[14] Li N J. Radar ECCMs new area: Anti-stealth and anti-RAM[J]. IEEE Transactions on Aerospace and Electronic Systems, 1995, 31(3): 1120-1127.

[15] Li N. Radar ECCM's new area: Anti-stealth and anti-ARM[J]. JPRS Report: Science and Technology, 1987, 1: 87-104.

[16] 李金梁, 李永祯, 王雪松. 米波极化雷达的反隐身技术[J]. 雷达科学与技术, 2005, 3(6): 631-632.

[17] Reinisch B W, Haines D M, Bibl K, et al. Ionospheric sounding in support of

over-the-horizon radar[J]. Radio Science, 1997, 32(4): 1681-1694.

[18] Headrick J M. Looking over the horizon (HF radar)[J]. IEEE Spectrum, 1990, 27(7): 36-39.

[19] Taylor J D. Introduction to Ultra-wideband Radar Systems[M]. Boca Raton: CRC Press, 1995.

[20] Henry A. Energy absorption by a radioisotope produced plasma: United States[P]. 3713157. 1973.

[21] Al-Shamma'a A I, Wylie S R, Lucas J, et al. Atmospheric microwave plasma jet for material processing[J]. IEEE Transaction on Plasma Science, 2002, 30(5): 1863-1871.

[22] Al-Shamma'a A I, Wylie S R, Lucas J, et al. Design and construction a microwave plasma jet system for material processing[C]. Proceedings of the International Conference on Pulsed Power and Plasma Science, Las Vegas, 2001: 1308-1311.

[23] 杨涓, 许映乔, 朱良明. 局域环境中微波等离子体电子密度诊断实验研究[J]. 物理学报, 2008, 57(3): 1788-1792.

[24] 杨涓, 何庆洪, 毛根旺, 等. 应用于飞行器的等离子体隐身技术分析[J]. 现代防御技术, 2002, 30(3): 40-45.

[25] 陈卓, 何威, 蒲以康. 电子回旋共振氩等离子体中亚稳态粒子数密度及电子温度的测量[J]. 物理学报, 2005, 54(5): 2153-2158.

[26] Li G G, Appala N P. Analysis of the dominant a slotted-helix-loaded cylindrical waveguide for use in plasma production[J]. Journal of Applied Physics, 1990, 68(7): 3679-3687.

[27] Vidmar R J, Eekstrom D J, Eash J J, et al. Broadband electromagnetic absorption via a collisional helium plasma: United State [P]. 5594446. 1988.

[28] Fernsler R F, Manheimer W M, Meger R A. Production of large-area plasmas by electron beams[J]. Physics of Plasmas, 1998, 15(5): 43.

[29] Manheimer W M. Plasma reflectors for electronic beam steering in radar system[J]. IEEE Transaction on Plasma Science, 1991, 19(6): 1228-1230.

[30] 周军. 电子束等离子体的电流测量与参数诊断[D]. 合肥: 中国科学技术大学, 2014.

[31] Liang O Y, Li H, Li B B, et al. Simulation of electron-beam generating plasma at atmospheric pressure[J]. Plasma Science and Technology, 2007, 9(2): 169-173.

[32] 李弘, 苏铁, 欧阳亮, 等. 电子束产生大尺度等离子体过程的数值模拟研究[J]. 物理学报, 2006, 55(7): 3506-3513.

[33] Murphy D P, Fernsler R F, Pechacek R E. X-band microwave properties of a rectangular plasma sheet[R]. Washington D. C.: NAVAL Research Lab., 1999.

[34] 白敏冬, 张芝涛, 白希尧, 等. 一种强电离放电非平衡等离子源及制备等离子的方法: 中国[P]. 2004105513. 2004.

[35] 白希尧, 张芝涛, 杨波, 等. 用于飞行器的强电离放电非平衡等离子体隐身方法研究[J]. 航空学报, 2004, 25(l): 51-54.

[36] 李应红, 吴云. 等离子体流动控制技术研究进展[J]. 空军工程大学学报, 2012, 13(3):

1-5.

[37] Wu Y, Li Y H, Jia M, et al. Influence of operating pressure on surface dielectric barrier discharge plasma aerodymaic actuation characteristics[J]. Applied Physics Letters, 2008, 93: 031503.

[38] Li Y H, Wu Y, Zhou M, et al. Control of the corner separation in a compressor cascade by steady and unsteady plasma aerodynamic actuation[J]. Experiments in Fluids, 2010, 48(6): 1015-1023.

[39] Wolf S, Arjomandi M. Investigation of the effect of dielectric barrier discharge plasma actuators on the radar cross section of an object[J]. Journal of Physics D: Applied Physics, 2011, 44: 315202.

[40] Amorim J, Maciel H S, Sudano J P. High-density plasma mode of an inductively coupled radio frequency discharge[J]. Journal of Vacuum Science & Technology B: Microelectronics and Nanometer Structures, 1991, 9(2): 362-365.

[41] Daltrini A M, Moshkalev S A, Morgan T J, et al. Plasma power measurement and hysteresis in the E-H transition of a RF inductively coupled plasma system[J]. Applied Physics Letters, 2008, 92(6): 061504.

[42] Daltrini A M, Moshkalev S A, Monteiro M J R, et al. Mode transitions and hysteresis in inductively coupled plasmas[J]. Journal of Applied Physics, 2007, 101(7): 073309.

[43] Lee J K, Babaeva N Y, Kim H C, et al. Simulation of capacitively coupled single- and dual-frequency RF discharges[J]. IEEE Transactions on Plasma Science, 2004, 32(1): 47-53.

[44] Lieberman M A, Both J P, Chabert P, et al. Standing wave and skin effects in large-area, high-frequency capacitive discharges[J]. Plasma Sources Science and Technology, 2002, 11: 283-293.

[45] Ogle J S. Method and apparatus for producing magnetically-coupled planar plasma: United States[P]. 4948458. 1990.

[46] Coultas D K, Keller J C. Radio frequency indution/multipole plasma processing tool: European[P]. 0379828A2. 1990.

[47] Hopwood J, Guarnieri C R, Whitehair S J, et al. Langmuir probe measurements of a radio frequency induction plasma[J]. Journal of Vacuum Science & Technology A: Vacuum Surfaces and Films, 1993, 11(1): 152-156.

[48] Hopwood J, Guarnieri C R, Whitehair S J, et al. Electromagnetic fields in a radio-frequency induction plasma[J]. Journal of Vacuum Science & Technology A: Vacuum Surfaces and Films, 1993, 11(1): 147-151.

[49] Mahoney L J, Wendt A E, Barriros E, et al. Electron-density and energy distributions in a planar inductively coupled discharge[J]. Journal of Applied Physics, 1994, 76(4): 2041-2047.

[50] Chung C W, Chang H Y. Heating-mode transition in the capacitive mode of inductively coupled plasnas[J]. Applied Physics Letters, 2002, 80(10): 1725-1727.

[51] Godyak V A, Piejak R B, Alexandrovich B M. Experimental setup and electrical characteristics of an inductively coupled plasma[J]. Journal of Applied Physics, 1999, 85(2): 703-712.

[52] Godyak V A, Piejak R B, Alexandrovich B M. Electron energy distribution function measurements and plasma parameters in inductively coupled argon plasma[J]. Plasma Sources Science and Technology, 2002, 11(4): 525-543.

[53] Arancibia Monreal J, Chabert P, Godyak V A. Reduced electron temperature in a magnetized inductively-coupled plasma with internal coil[J]. Physics of Plasmas, 2013, 20(10): 103504-103511.

[54] Rosmej F B, Lee R W, Riley D, et al. Warm dense matter and strongly coupled plasmas created by intense heavy ion beams and XUV-free electron laser: An overview of spectroscopic methods[J]. Journal of Physics: Conference Series, 2007, 72: 012007.

[55] Marten J, Toepffer C. Microfield fluctuations and radiative transitions in laser-generated strongly coupled plasmas[J]. The European Physical Journal D—Atomic, Molecular, Optical and Plasma Physics, 2004, 29(3): 397-408.

[56] Kuo S P, Bivolaru D. Generation and study of microwave plasma jets[J]. Generation & Study of Microwave Plasma Jets, 2005, 5(2): 1-10.

[57] 曾学军, 马平, 于哲峰, 等. 大气环境中喷流等离子体隐身试验研究与分析[J]. 实验流体力学, 2008, 22(1): 49-54.

[58] Rutberg P G, Safronov A A, Goryachev V L. Strong-current arc discharges of alternating current[J]. IEEE Transactions on Plasma Science, 1998, 26(4): 1297-1306.

[59] Yuan Z C, Shi J M, Wang J C. Experimental studies of microwave reflection and attenuation by plasmas produced by burning chemicals in atmosphere[J]. Plasma Science and Technology, 2007, 9(2): 158-161.

[60] 陈宏睛. 飞行器进气道等离子体隐身参数设计[D]. 南京: 南京理工大学, 2014.

[61] Danilov A V, Hchenko S A, Kunavin A T, et al. Electromagnetic waves scattering by periodic plasma structure[J]. Physica A: Statistical Mechanics and Its Applications, 1997, 241(1-2): 226-230.

[62] Howlader M K, Yang Y Q, Roth J R. Time-resolved measurements of electron number density and collision frequency for a fluorescent lamp plasma using microwave diagnostics[J]. IEEE Transactions on Plasma Science, 2005, 33(3): 1093-1099.

[63] Gregoire D J, Santoru J, Schumacher R W. Electromagneti wave propagation in unmagnetized plasmas[R]. Malibu: Hughes Research Labs, 1992.

[64] 王春兰. 俄、美开发等离子体隐身技术[J]. 国防科技要闻, 1999, (45): 1-4.

[65] Robson A E, Morgan R L, Meger R A. Demonstration of a plasma mirror for microwaves[J]. IEEE Transactions on Plasma Science, 1992, 20(6): 1036-1040.

[66] Mathew J, Fernsler R F, Meger R A, et al. Generation of large area, sheet plasma mirrors for redirecting high frequency microwave beam[J]. Physical Review Letters, 1996, 77(10): 1982-1985.

[67] Alexeff I, Anderson T, Parameswaran S, et al. Experimental and theoretical results with plasma antennas[J]. IEEE Transactions on Plasma Science, 2006, 34(2): 166-172.

[68] Alexeff I, Anderson T, Farshi E, et al. Recent results for plasma antennas[J]. Physical Plasmas, 2008, 15(5): 057104.

[69] Jenn D C. Plasma antennas: Survey of techniques and the current state of the art[R]. Monterey: Naval Postgraduate School, 2003.

[70] Huber P W, Akey N D, Croswell W F, et al. The entry plasma sheath and its effect on space vehicle electromagnetic systems[R]. Hampton: NASA Langley Research Center, 1970.

[71] Rybak J P, Churchill R J. Progress in reentry communications[J]. IEEE Transactions on Aerospace and Electronic Systems, 1971, 7(5): 879-894.

[72] Hartunian R A, Stewart G E, Ravn O. Causes and mitigation of radio frequency blackout during reentry of reusable launch vehicles[R]. El Segundo: Aerosp Corporation, 2007.

[73] Potter D L. Introduction of the PIRATE program for parametric reentry vehicle plasma effects studies[C]. The 37th AIAA Plasma Dynamics and Lasers Conference, San Francisco, 2006: 50-59.

[74] 何湘. 飞机局部等离子体隐身探索研究[D]. 南京: 南京理工大学, 2010.

[75] 张亚春, 何湘, 沈中华, 等. 进气道内衬筒形等离子体隐身性能三维模拟[J]. 强激光与粒子束, 2015, 27(5): 114-119.

[76] 王亮, 曹金祥, 王艳, 等. 电磁脉冲在实验室等离子体中传播时间的实验研究[J]. 物理学报, 2007, 56(3): 1429-1433.

[77] 张志豪, 邓永锋, 韩先维, 等. 电子束空气等离子体电子束数密度分布模型研究[J]. 高电压技术, 2013, 39(7): 1745-1749.

[78] 朱良明. 用于雷达舱隐身的等离子体诊断及磁增强微波等离子体发生器设计研究[D]. 西安: 西北工业大学, 2007.

[79] 朱冰. 导弹雷达舱等离子体隐身原理研究[D]. 西安: 西北工业大学, 2006.

[80] 钱志华. 等离子体天线的辐射与散射特性分析[D]. 南京: 南京理工大学, 2006.

[81] 程芝峰. 等离子体微波反射面的设计与研究[D]. 北京: 中国科学院研究生院, 2010.

[82] 谢楷, 李小平, 杨敏, 等. L、S 频段电磁波在等离子体中衰减实验研究[J]. 宇航学报, 2013, 34(8): 1166-1171.

[83] 杨敏, 李小平, 刘彦明, 等. 信号在时变等离子体中的传播特性[J]. 物理学报, 2014, 63(8): 265-274.

[84] 郑灵, 赵青, 罗先刚, 等. 等离子体中电磁波传输特性理论与实验研究[J]. 物理学报, 2012, 61(15): 343-349.

[85] David H L. Plasma stealth[J]. New Scientist, 2000, 168(2264): 60.

[86] 孙健, 白希尧, 依成武, 等. 等离子体隐身研究的关键性问题与研究技术路线的选择[J]. 中国基础科学, 2006, 8(3): 47-50.

[87] Hopwood J, Guarnieri C R, Whitehair S J, et al. Langmuir probe measurements of a radio frequency induction plasma[J]. Journal of Vacuum Science & Technology A: Vacuum

Surface and Films, 1993, 11(1): 152-156.

[88] Godyak V A, Piejak R B, Alexandrovich B M. Electron energy distribution function measurements and plasma parameters in inductively coupled argon plasma[J]. Plasma Sources Science and Technology, 2002, 11(4): 525-543.

[89] Amorim J, Maeiel H S, Sudano J P. High density plasma mode of an inductively coupled radio frequency discharge[J]. Journal of Vacuum Science & Technology B: Microelectronics and Nanometer Structures, 1991, 9(2): 362-365.

[90] Seo S H, Hong J I, Chang H Y. Electron energy distribution function and plasma potential in a planar inductive argon discharge without electrostatic screen[J]. Applied Physics Letters, 1999, 74(19): 2776-2778.

[91] Ventzek P L G, Hoekstra R J, Kushner M J. Two-dimensional modeling of high plasma density inductively coupled sources for materials processing[J]. Journal of Vacuum Science & Technology B: Microelectronics and Nanometer Structures, 1994, 12(1): 461-477.

[92] 狄小莲, 辛煜, 宁兆元. 平板型感应耦合等离子体源的线圈配置对功率耦合效率的影响[J]. 物理学报, 2005, 55(10): 5311-5317.

[93] Godyak V A. Electrical and plasma parameters of ICP with high coupling efficiency[J]. Plasma Sources Science and Technology, 2011, 20(2): 025004.

[94] Hsu C C, Nierode M A, Coburn J W, et al. Comparison of model and experiment for Ar, Ar/O$_2$ and Ar/O$_2$/Cl$_2$ inductively coupled plasmas[J]. Journal of Physics D: Applied Physics, 2006, 39(15): 3272-3284.

[95] 高飞. 射频感性耦合等离子体放电模式跳变及回滞的实验研究[D]. 大连: 大连理工大学, 2011.

[96] 毛明. 射频感应耦合等离子体源的动力学模拟及实验诊断[D]. 大连: 大连理工大学, 2007.

[97] Bruskin L G, Mase A, Tamano T, et al. Application of one-dimensional Wentzel-Kramers-Brillouin approximation in microwave reflectometry of plasma density profiles[J]. Review of Scientific Instruments, 1998, 69(5): 2184-2185.

[98] Laroussi M, Liu C, Roth J R. Absorption and reflection of microwaves by a non-uniform plasma near the electron cyclotron frequency[J]. AIP Conference Proceedings, 1992, 244(1): 1-8.

[99] 于哲峰, 马平, 张志成, 等. 微波在薄层等离子体中传输效应研究[J]. 实验流体力学, 2013, 27(3): 60-64.

[100] 奚衍斌. 高频电磁波在几类等离子体层中传播特性研究[D]. 大连: 大连理工大学, 2013.

[101] Gürel C S, Öncü E. Frequency selective characteristics of a plasma layer with sinusoidally varying electron density profile[J]. Journal of Infrared, Millimeter, and Terahertz Waves, 2009, 30(6): 589-597.

[102] 袁承勋. 等离子体中太赫兹波传输特性理论研究[D]. 哈尔滨: 哈尔滨工业大学,

2010.

[103] Yee K E. Numerical solution of initial boundary value problems involving Maxwell's equations in isotropic media[J]. IEEE Transactions on Antennas and Propagation, 1966, 14: 302-307.

[104] 刘少斌, 莫锦军, 袁乃昌. 非磁化等离子体密度与目标雷达隐身的关系[J]. 电波科学学报, 2003, 18(1): 57-61.

[105] Akbar A. FDTD formulation for the general dispersion model using the Z transforms method[J]. Mathematica Aeterna, 2014, 4: 411-424.

[106] Sullivan D M. Frequency-dependent FDTD methods using Z transforms[J]. IEEE Transactions on Antennas and Propagation, 1992, 40(10): 1223-1230.

[107] Yang H W, Liu Y. SO-FDTD analysis on the stealth effect of magnetized plasma with Epstein distribution[J]. Optik, 2013, 124(15): 2037-2040.

[108] 葛德彪, 闫玉波. 电磁波时域有限差分方法[M]. 3 版. 西安: 西安电子科技大学出版社, 2011.

[109] Chung S S. FDTD simulations on radar cross sections of metal cone and plasma covered metal cone[J]. Vacuum, 2012, 86(7): 970-984.

[110] Liu M H, Hu X W, Jiang Z H. Attenuation of wave in a thin plasma layer by finite-difference time-domain analysis[J]. Journal of Applied Physics, 2007, 101(5): 053308-053314.

[111] 平殿发, 刘锋, 邓兵. 雷达隐身技术分析[J]. 海军航空工程学院学报, 2002, 17(3): 367-370.

[112] 甘杰, 张杰. 隐身目标探测技术现状与发展研究[J]. 现代雷达, 2016, 38(8): 13-16.

[113] Mosallaei H, Rahmat-Samii Y. RCS reduction of canonical targets using genetic algorithm synthesized RAM[J]. IEEE Transactions on Antennas and Propagation, 2000, 48(10): 1594-1606.

[114] 洪布双. 电负性容性耦合等离子体的诊断及空心阴极射频放电的研究[D]. 苏州: 苏州大学, 2014.

[115] 赵文锋, 杨洲, 王卫星, 等. 基于 CFDRC 的感应耦合等离子体离子数密度空间分布仿真[J]. 高电压技术, 2014, 40(1): 206-211.

[116] Nakagawa H, Morishita S, Noda S, et al. Characterization of 100MHz inductively coupled plasma(ICP) by comparison with 13.56MHz ICP[J]. Journal of Vacuum Science & Technology A: Vacuum Surfaces and Films, 1999, 17(14): 1514-1519.

[117] Mahoney L J, Wendt A E, Barrios E, et al. Electron-density and energy distributions in a planar inductively coupled discharge[J]. Journal of Applied Physics, 1994, 76(4): 2041-2047.

[118] Rafatov I R, Akbar D, Bilikmen S. Modelling of non-uniform DC driven glow discharge in argon gas[J]. Physics Letters A, 2007, 367(1-2): 114-119.

[119] Chen F F. Experiments on helicon plasma sources[J]. Journal of Vacuum Science & Technology A: Vacuum Surfaces and Films, 1992, 10(4): 1389-1401.

[120] Stix T H. Fast-wave heating of a two-component plasma[J]. Nuclear Fusion, 2011, 15(5): 737-754.

[121] Khor K A, Wang Y, Cheang P. Plasma spraying of combustion flame spheroidized hydroxyapatite(HA) powders[J]. Journal of Thermal Spray Technology, 1998, 7(2): 254-260.

[122] Dittrich K, Kaiser J, Sekora R, et al. Radome with integrated plasma shutter: United States[P]. 8-159-407. 2012.

[123] 胡添元. 飞行器外形隐身优化方法及应用研究[D]. 南京: 南京航空航天大学, 2006.

[124] Viney K J, Jha R M. Radar Absorbing Materials[M]. Berlin: Springer, 1996.

[125] Biltencout J A. Fundamentals of Plasma Physics[M]. Hoboken: Wiley, 1980.

[126] Raizer Y P, John E. Gas Discharge Physics[M]. Berlin: Springer, 1997.

[127] Kim H C, Iza F, Yang S S, et al. Particle and fluid simulations of low-temperature plasma discharges: Benchmarks and kinetic effects[J]. Journal of Physics D: Applied Physics, 2005, 38(19): R283-R301.

[128] Chaudhury B, Chaturvedi S. Comparison of wave propagation studies in plasmas using three-dimensional finite-difference time-domain and ray-tracing methods[J]. Physics of Plasma, 2006, 13(12): 123302.

[129] Elsherbeni A Z, Demir V. The Finite-difference Time-domain Method for Electromagnetics with MATLAB Simulation[M]. Edison: SciTech Publishing, 2016.

[130] Yuan Z C, Shi J M. Collisional, nonuniform plasma sphere scattering calculation by FDTD employing a drude model[J]. International Journal of Infrared and Millimeter Waves, 2007, 28(11): 987-992.

[131] 菅井秀郎. 等离子体电子工程学[M]. 张海波, 张丹, 译. 北京: 科学出版社, 2002.

[132] Mosallaei H, Rahmat-Samii Y. RCS reduction of canonical targets using genetic algorithm synthesized RAM[J]. IEEE Transactions on Antennas and Propagation, 2000, 48(10): 1594-1606.

[133] Bryant P, Dyson A, Allen J E. Langmuir probe measurements of weakly collisional electronegative RF discharge plasmas[J]. Journal of Physics D: Applied Physics, 2001, 34(1): 95-104.

[134] Lee H C, Chung C W. Experimental measurements of spatial plasma potentials and electron energy distributions in inductively coupled plasma under weakly collisional and nonlocal electron kinetic regimes[J]. Physics of Plasmas, 2012, 19(3): 033514.

[135] 杜寅昌, 曹金祥, 汪建, 等. 射频电感耦合夹层等离子体中的模式转换[J]. 物理学报, 2012, 6(19): 337-342.

[136] Lieberman M A, Lichtenberg A J. Principles of Plasma Discharges and Materials Processing[M]. 2nd ed. New York: Wiley, 2005.

[137] Andrasch M, Ehlbeck J, Foest R, et al. Electron density measurements on an inductively coupled plasma with a one-port microwave interferometer[J]. Plasma Sources Science and Technology, 2012, 21(5): 055032.

[138] 袁忠才, 时家明, 黄勇, 等. 低温等离子体数值模拟方法的分析比较[J]. 核聚变与等离子体物理, 2008, 3(28): 278-284.

[139] Chang C H, Hsieh C H, Wang H T, et al. A transmission-line microwave interferometer for plasma electron density measurement[J]. Plasma Sources Science and Technology, 2006, 16(1): 67-71.

[140] 赵文华, 唐皇哉, 沈岩, 等. 谱线强度法所测得温度的物理意义[J]. 光谱学与光谱分析, 2007, 27(11): 2145-2149.

[141] Liu Q Y, Li H, Chen Z P, et al. Continuous emission spectrum measurement for electron temperature determination in low-temperature collisional plasmas[J]. Plasma Science and Technology, 2011, 13(4): 451-457.

[142] National Institute of Standards and Technology. Atomic spectroscopy databases[EB/OL]. http://www.nist.gov [2021-3-10].

[143] Chin O H. Effect of neutral gas heating in argon radio frequency inductively coupled plasma[J]. International Journal of Modern Physics: Conference Series, 2014, 32: 1460320.

[144] 张鉴. MEMS 加工中电感耦合等离子体(ICP)刻蚀硅片的模型与模拟[D]. 南京: 东南大学, 2006.

[145] Hopwood J. Review of inductively coupled plasmas for plasma processing[J]. Plasma Sources Science and Technology, 1992, 1(2): 109-116.

[146] Hopwood J, Guarnieri C R, Whitehair S J, et al. Electromagnetic fields in a radio-frequency induction plasma[J]. Journal of Vacuum Science & Technology A: Vacuum Surfaces and Films, 1993, 11(1): 147-151.

[147] Trombley H W, Terry F L, Elta M E. A self-consistent particle model for the simulation of RF glow discharges[J]. IEEE Transactions on Plasma Science, 1991, 19(2): 158-162.

[148] Graves D B, Jensen K F. Fluid model simulations of a 13.56MHz RF discharge: Time and space dependence of rates of electron impact excitation[J]. Journal of Applied Physics, 1987, 62(1): 88-94.

[149] Herrebout D, Bogaerts A, Gijbels R, et al. A one-dimensional fluid model for an acetylene RF discharge: A study of the plasma chemistry[J]. IEEE Transactions on Plasma Science, 2003, 31(4): 659-664.

[150] Cheng J, Ji L H, Wang K S, et al. Two-dimensional simulation of inductively coupled plasma based on COMSOL and comparison with experimental data[J]. Journal of Semiconductors, 2013, 34(6): 066004.

[151] Boffard J B, Jung R O, Lin C C, et al. Optical diagnostics for characterization of electron energy distributions: Argon inductively coupled plasmas[J]. Plasma Sources Science and Technology, 2011, 20(5): 055006.

[152] Hagelaar G M, Pitchford L C. Solving the Boltzmann equation to obtain electron transport coefficients and rate coefficients for fluid models[J]. Plasma Sources Science and Technology, 2005, 14(4): 722-733.

[153] Mouchtouris S, Kokkoris G. A hybrid model for low pressure inductively coupled plasmas combining a fluid model for electrons with a plasma-potential dependent energy distribution and a fluid-Monte Carlo model for ions[J]. Plasma Sources Science and Technology, 2016, 25(2): 025007.

[154] Ochoa Brezmes A, Breitkopf C. Simulation of inductively coupled plasma with applied bias voltage using COMSOL[J]. Vacuum, 2014, 109: 52-60.

[155] 张文茹. 氩气放电的流体力学模拟及其 COMSOL 软件的验证[D]. 大连: 大连理工大学, 2013.

[156] Brezmes A O, Breitkopf C. Fast and reliable simulations of argon inductively coupled plasma using COMSOL[J]. Vacuum, 2015, 116: 65-72.

[157] Turkoz E, Celik M. AETHER: A simulation platform for inductively coupled plasma[J]. Journal of Computational Physics, 2015, 286: 87-102.

[158] Tinck S, Boullart W, Bogaerts A. Modeling $Cl_2/O_2/Ar$ inductively coupled plasmas used for silicon etching: Effects of SiO_2 chamber wall coating[J]. Plasma Sources Science and Technology, 2011, 20(4): 045012.

[159] Pitchford LC. QEC plasma data exchange project[J]. Journal of Physics D: Applied Physics, 2013, 46(33): 330301.

[160] Singh H, Graves D B. Measurements of the electron energy distribution function in molecular gases in an inductively coupled plasma[J]. Journal of Applied Physics, 2000, 87(9): 4098-4106.

[161] 洪布双, 苑涛, 邹帅, 等. 电负性气体的掺入对容性耦合 Ar 等离子体的影响[J]. 物理学报, 2013, 62(11): 358-365.

[162] Lisovskiy V, Yegorenkov V. Ambipolar diffusion in strongly electronegative plasma[J]. Europhysics Letters, 2012, 99(3): 35002.

[163] Sato T, Makabe T. A numerical investigation of atomic oxygen density in an inductively coupled plasma in O_2/Ar mixture[J]. Journal of Physics D: Applied Physics, 2008, 41(31): 035211.

[164] Wang Y H, Wei L, Zhang Y R, et al. Fluid simulation of inductively coupled Ar/O_2 plasmas: Comparisons with experiment[J]. Chinese Physics B, 2015, 24: 095203.

[165] 王卫民, 张艺瀚, 贾敏, 等. 等离子体覆盖金属目标的电磁散射特性[J]. 高电压技术, 2014, 40(7): 2084-2089.

[166] Cheng G X, Liu L. Direct finite-difference analysis of the electromagnetic-wave propagation in inhomogeneous plasma[J]. IEEE Transactions on Plasma Science, 2010, 38(11): 3109-3115.

[167] 国防科学技术工业委员会. 雷达吸波材料反射率测试方法[S]. GJB 2038—1994. 北京: 国防科学技术工业委员会, 1994.

[168] Hollenstein C, Guittienne P, Howling A A. Resonant RF network antennas for large-area and large-volume inductively coupled plasma sources[J]. Plasma Sources Science and Technology, 2013, 22(5): 055021.

[169] Boyd R L F, Thompson J B. The operation of Langmuir probes in electro-negative plasmas[J]. Proceedings of the Royal Society of London Series A: Mathematical and Physical Sciences, 1959, 252(1268): 102-119.

[170] Liu M H, Hu X W, Jiang Z H, et al. Electromagnetic wave attenuation in atmospheric pressure plasmas[J]. Chinese Physics Letters, 2001, 18(9): 1225-1226.

[171] 姬金祖, 武哲, 刘战合. S 弯进气道隐身设计中弯度参数研究[J]. 西安电子科技大学学报(自然科学版), 2009, 36(4): 746-750.

[172] 刘亚威. F-35 战斗机进气道的自动化制造[J]. 国防制造技术, 2011, (4): 32-34, 38.

[173] 桑建华. 飞行器隐身技术[M]. 北京: 航空工业出版社, 2013.

[174] Lee C, Boedicker C. Subsonic diffuser design and performance for advanced fighter aircraft[C]. Aircraft Design Systems and Operations Meeting Colorado Springs, Saint Louis, 1985: 1-8.

[175] 庄钊文, 袁乃昌, 刘少斌, 等. 等离子体隐身技术[M]. 北京: 科学出版社, 2005.

[176] Howlader M, Yang Y Q, Reece R J. Time-averaged electron number density measurement of a one atmosphere uniform glow discharge plasma by absorption of microwave radiation[C]. The 29th IEEE International Conference on Plasma Science, Banff, 2002: 271.